자연 그대로의 꽃

봄에 핀 풀꽃도감

초판인쇄 | 2016년 5월 20일
초판발행 | 2016년 5월 27일

지은이 | 정연옥 · 박선주 · 박노복
펴낸이 | 고명진
펴낸곳 | 가람누리

출판등록 | 2011년 7월 29일 제312-2011-000040호
주　　소 | 경기도 고양시 덕양구 통일로 140(동산동)
삼송테크노밸리 B동 329호
전　　화 | (02)396-9651
팩　　스 | (02)396-9653
이메일 | garamnuri@daum.net
홈페이지 | **www.munyei.com**

ISBN 978-89-97272-21-1 (13480)

※ 잘못된 책은 바꾸어 드립니다.

※ 저자와의 협의에 의하여 인지는 생략합니다.

※ 이 도서의 국립중앙도서관 출판예정도서목록(CIP)은 서지정보유통지원시스템홈페이지(http://seoji.nl.go.kr)와 국가자료공동목록시스템(http://www.nl.go.kr/kolisnet)에서 이용하실 수 있습니다.(CIP제어번호: CIP2016012168)

봄에 핀

풀꽃 도감

핸드북

자연 그대로의 꽃

봄에 핀 풀꽃 도감

정연옥 · 박선주 · 박노복 공저

가람누리

머리말

야생화의 소박하고 아름다운 모습에 매료되어 산과 들을 찾는 사람들이 최근 많아졌습니다.

휴일에 인근 산을 찾는 일이 흔해지면서 등산로 주변에 피어 있는 꽃에 관심을 갖기 시작했고, 더불어 디지털카메라의 보급과 포털사이트의 온라인 야생화 cafe와 blog의 활성화로 관심이 고조되었습니다. 최근에는 야생화에 관한 서적과 사진 위주의 도감 등이 다양해지면서 누구나 쉽게 야생화에 관해 알 수 있고 이를 공부할 수 있게 되었습니다.

이 책에는 주변이나 등산로에서 흔히 볼 수 있는 봄에 피는 꽃을 중심으로 수록하였으며, 계절별 야생화 구분은 2~5월(봄), 6~8월(여름), 9~11월(가을)에 40~50% 이상 만개한 시기를 기준으로 하였습니다. 이들 식물의 특성은 여러 도감을 참조했고, 설명이 부족한 경우 뒤에 첨언을 통해 더 알기 쉽게 했습니다.

우리나라는 사계절이 뚜렷하여 많은 자원식물들이 있습니다.

특히 봄에는 나물 위주로 먹는 품종들이 많이 자라고, 가을이면 뿌리를 활용하는 품종들이 많이 자랍니다.

현재 국내에 자생하고 있는 품종은 약 4,700~5,000종 정도인 것으로 보고되었으며, 봄에 약 30%, 여름에 약 55%, 가을에 약 15%의 꽃이 개화합니다.

식물의 해설은 대부분 생육 환경, 전초, 잎, 꽃, 열매, 종자, 무리 순으로 서술하였습니다. 일부 품종은 모두 싣지 못하였는데, 이는 유사 종들이 많이 있고 단지 색깔이 다르기 때문입니다. 꽃은 완전 개화 후 꽃을 구분할 수 있을 때를 중심으로 담았습니다. 종자 결실은 어느 정도 익어 가는 시기를 택하여 실었습니다.

몇몇 품종은 모두를 담을 수 없지만 유사 형태를 비교하는 데 필요한 부분이어서 수록하였고, 모든 것이 동일하지만 꽃 색깔이 달라 이름을 달리하는 품종 또한 전초와 꽃을 실었습니다.

그리고 이 책이 나올 수 있도록 많은 도움을 주신 편집부 직원분들께 깊은 감사의 인사를 올립니다.

2016년 5월 행복한 자연의 품에서 저자 대표

정연옥 씀

ㄱ 16

ㅂ

윤판나물 • 278

은난초 • 280

은대난초 • 282

은방울꽃 • 284

ㅈ
286

자란초 • 286

자운영 • 288

자주괴불주머니 • 290

장대나물 • 292

점현호색 • 294

제비꽃 • 296

조개나물 • 298

조릿대 • 300

족도리풀 • 302

졸방제비꽃 • 304

좀가지풀 • 306

주름잎 • 308

중의무릇 • 310

쥐오줌풀 • 312

지리산개별꽃 • 314

지치 • 316

지칭개 • 318

ㅊ
320

참꽃마리 • 320

창포 • 322

처녀치마 • 324

천남성 • 326

초종용 • 328

칠보치마 • 330

ㅋ
332

콩제비꽃 • 332

큰개불알풀 • 334

큰괭이밥 • 336

큰구슬붕이 • 338

큰꽃으아리 • 340

큰두루미꽃 • 342

큰애기나리 • 344

큰앵초 • 346

큰천남성 • 348

봄에 핀 풀꽃 도감

각시붓꽃

이 명 애기붓꽃
학 명 *Iris rossii* Baker
과 명 붓꽃과
개화기 4~5월

각시붓꽃_꽃

각시붓꽃_꽃봉오리

각시붓꽃_개화 직전

각시붓꽃_종자 결실 전

생육특성

우리나라 각처의 산지에서 자라는 다년생 초본이다. 생육 환경은 햇볕이 잘 드는 양지바른 곳에서 주로 서식하며 큰 군락을 이루는 곳은 별로 없고 대부분 군데군데 모여 피는 종이다. 키는 10~20㎝이고, 잎은 길이 약 30㎝, 너비 약 0.2~0.5㎝로 칼처럼 휘어지고 표면은 녹색이고 뒷면은 분백색이다. 꽃은 보라색이며 지름 3~4㎝로 꽃잎 안쪽에 수술과 암술이 들어 있고 꽃줄기 하나에 한 송이씩 달린다. 열매는 갈색이며 긴 타원형으로 6~7월경에 달리고 안에는 광택이 나는 검은 종자가 들어 있다. 햇볕이 잘 드는 곳에 피지만 봄이 가기 전 하고현상(여름이 되면 꽃과 잎이 땅에서 모두 없어지는 현상)이 빨리 일어나 없어지고 만다. 옮겨 심는 것을 싫어하는 품종이어서 가급적 있는 자생지는 그대로 보존하는 것이 좋은 품종이다. 관상용으로 쓰인다.

갈퀴나물

이 명 갈키나물, 녹두두미, 갈퀴덩굴, 말굴레풀, 참갈귀, 큰갈퀴나물
학 명 *Vicia amoena* Fisch. ex DC.
과 명 콩과
개화기 6~9월

갈퀴나물_잎 올라온 모습

갈퀴나물_꽃봉오리 올라온 모습

갈퀴나물_꽃

갈퀴나물_종자 결실

생육특성

우리나라 각처에서 나는 다년생 초본이다. 생육 환경은 햇볕이 잘 드는 곳의 경사지 비옥한 곳에서 자란다. 키는 80~180㎝이고, 잎은 어긋나고 작은 잎은 길이 1.5~3.0㎝, 너비 0.4~1.0㎝이고 긴 타원형이거나 피침형이며, 잎줄기 끝에 2~3개로 갈라진 덩굴손이 있다. 꽃은 홍자색으로 한쪽으로 치우치며 피고 길이 1.2~1.5㎝이다. 꽃받침은 종형으로 5개의 불규칙한 조각으로 갈라지며 밑부분의 것이 가장 길고 꽃받침통보다 짧기나 같다. 열매는 8~9월경에 달리며 길이 2.0~2.5㎝, 너비 0.5㎝로 긴 타원형이며 안에 검고 둥근 종자가 들어 있다. 어린순은 식용으로 쓰인다.

갈퀴현호색

학 명 *Corydalis grandicalyx* B. U. Oh & Y. S. Kim
과 명 현호색과
개화기 3~4월

갈퀴현호색_꽃(측면)

흰갈퀴현호색_꽃

갈퀴현호색_전초

갈퀴현호색_꽃(정면)

생육특성

우리나라 중·북부 이북에서 자라는 다년생 초본이다. 생육환경은 부엽질이 풍부한 반그늘에서 자란다. 키는 10~20㎝이고, 잎은 타원형 또는 도란형이다. 꽃은 진한 청색으로 정상부에 5~10개 정도의 꽃이 뭉쳐서 피며 길이 2.0~2.4㎝이다. 작은 꽃대의 길이는 개화해 있을 때보다는 종자가 결실되었을 때 조금 더 자란다. 열매는 6~7월경에 달리고 길이 0.4~1.2㎝, 너비 2~4㎜로 넙적하며 송곳 모양으로 뾰족하다. 종자 표면은 광택이 나고 작은 편이며 둥근형이다.

감자난초

이 명 잠자리난초, 감자난, 댓잎새우난초, 감자란
학 명 *Oreorchis patens* (Lindl.) Lindl.
과 명 난초과
개화기 5~6월

감자난초_새순

감자난초_꽃봉오리

감자난초_꽃

감자난초_종자 결실

생육특성

우리나라 남부지방의 낙엽수가 많은 숲 아래에서 주로 자생하며, 생육 조건은 반그늘이다. 난초과 식물이 대부분 그러하듯 다년초로, 뿌리 부분은 둥근 알뿌리로 되어 있다. 키는 30~50㎝로 난과 식물 가운데 큰 편에 속하며, 잎은 옆에서 1~2장이 나오는데 길이 30㎝가량 될 만큼 큰 잎을 가지고 있다. 잎의 너비 또한 넓어 0.5~3㎝가량 된다. 꽃은 황갈색이며 꽃받침이 둘러싸고 있다. 열매는 7~8월경에 갈색으로 달리고, 씨방 안에는 무수히 많은 종자가 먼지처럼 들어 있다. 감자난초의 꽃은 아래에서 위쪽으로 올라가면서 피는데, 다른 난초과 식물에 비해서 크며 숫자도 많은 편이어서 쉽게 알 수 있는 품종이다.

개감수

이 명 감수, 능수버들, 산감수, 산개감수, 산참대극, 좀개감수, 참대극
학 명 *Euphorbia sieboldiana* Morren & Decne.
과 명 대극과
개화기 4~6월

개감수_새순

개감수_꽃봉오리

개감수_꽃

개감수_시드는 모습

개감수_종자 결실

생육특성

우리나라 전국의 산과 들에 자라는 다년생 초본이다. 생육 환경은 양지 혹은 반음지의 토양이 비옥한 곳에서 자란다. 키는 30~60㎝이고, 잎은 긴 타원형이며 앞부분은 녹색이지만 뒤쪽은 홍자색을 띤다. 꽃은 녹황색이고 한 줄기에 한 개의 암꽃이 있으며 나머지는 모두 수꽃이다. 목본류에서 수꽃과 암꽃이 따로 피는 것은 많이 볼 수 있지만, 초본류에서 암꽃과 수꽃이 따로 피는 것은 보기 드문 것 중의 하나이다. 열매는 9월경에 달린다. 잎을 자르면 흰색 유액이 나오며, 이 식물은 독성이 강하므로 식용은 하지 않는다. 다른 식물들과 대별되는 가장 큰 특징은 꽃이 잎 색과 거의 유사한 색을 가졌으며 꽃 모양 또한 별 모양인 점이다. 큰 군락을 이룬 곳은 없지만, 많이 뭉쳐서 자라는 것은 쉽게 관찰된다.

개구리자리

이 명 놋동이풀, 늪바구지
학 명 *Ranunculus sceleratus* L.
과 명 미나리아재비과
개화기 4~5월

개구리자리_잎

개구리자리_새순

개구리자리_꽃

개구리자리_전초

생육특성

우리나라 중부 이남의 논이나 개울에서 자라는 월년초이다. 생육 환경은 물기가 많고 햇볕이 잘 드는 곳에서 자란다. 키는 약 50㎝이고, 잎은 긴 잎자루가 있고, 잎몸은 길이 1~4㎝로 3갈래로 갈라지며 옆으로 갈라진 2개의 잎은 끝에 둔한 톱니가 있다. 줄기는 털이 없고 매끈하며 광택이 나고 속은 비어 있다. 꽃은 황색으로 원줄기나 가지 끝에 한 송이씩 달리고 지름 0.6~0.8㎝이다. 열매는 7~8월경에 달리며 길이 0.1㎝ 정도의 작은 종자가 많이 들어 있다.

개별꽃

이 명 미치광이풀, 섬개별꽃, 다화개별꽃, 들별꽃, 좀미치광이풀
학 명 *Pseudostellaria heterophylla* (Miq.) Pax ex Pax & Hoffm.
과 명 석죽과
개화기 4~5월

개별꽃_새순

개별꽃_꽃봉오리

개별꽃_꽃

개별꽃_종자 결실

생육특성

우리나라 각처의 산과 들에서 자라는 다년생 초본이다. 생육 환경은 햇볕이 잘 드는 곳이면 어디에서든지 잘 자란다. 키는 8~12㎝이고, 잎은 미주나며 길이 1~4㎝, 너비 0.2~0.4㎝이다. 꽃은 흰색으로 줄기 끝에서 길이 0.6㎝ 정도로 위를 향해 핀다. 열매는 6~7월경에 둥글게 달린다.

개불알풀

이 명 지금, 봄까지꽃, 개불꽃
학 명 *Veronica didyma* var. *lilacina* (H. Hara) T. Yamaz.
과 명 현삼과
개화기 5~6월

개불알풀_새순

개불알풀_꽃봉오리

개불알풀_꽃

개불알풀_잎 뒷면

생육특성

유럽 원산으로, 우리나라 남부의 밭이나 들에서 자라는 2년생 초본이다. 생육 환경은 햇볕이 잘 드는 곳이면 어디에서든지 자란다. 키는 5~15㎝ 정도이고, 잎은 밑부분이 둥글며 길이와 너비가 각각 0.6~1㎝로 톱니가 있다. 줄기는 부드러운 짧은 털이 있으며 밑에서부터 가지가 갈라져 옆으로 자라거나 비스듬히 선다. 꽃은 윗부분의 잎겨드랑이에 연한 홍자색으로 피며 수술 2개와 1개의 암술이 있다. 열매는 8~9월경에 달걀 모양으로 달리고, 종자를 싸고 있는 씨방에는 전면에 부드러운 털이 있고 중앙부에 깊은 세로 홈이 있으며 양 끝이 둥글다. 달린 열매의 모양이 개의 불알과 유사하다고 하여 개불알풀이라 명명되었다.

개사상자

이 명 긴사상자, 큰사상자
학 명 *Torilis scabra* (Thunb.) DC.
과 명 산형과
개화기 5~6월

개사상자_잎

개사상자_꽃

개사상자_종자 결실

생육특성

우리나라 경기도 이남의 들에서 자라는 다년생 초본이다. 생육 환경은 토양의 배수가 좋으며 비옥한 곳에서 자란다. 키는 약 60㎝가량이고, 잎은 새의 깃 모양으로 많이 갈라져 있으며 줄기에서 자란 잎은 길이 5~10㎝가량이다. 줄기에는 잎과 같이 잔털이 많다. 꽃은 작은 꽃들이 뭉쳐서 피며 흰색 혹은 자주색으로 달린다. 열매는 8~9월경에 달리며 자줏빛이 돌고 긴 타원형으로 가시 같은 돌기가 있어 다른 물체에 잘 달라 붙는다.

고깔제비꽃

이 명 고깔오랑캐
학 명 *Viola rossii* Hemsl.
과 명 제비꽃과
개화기 4~5월

고깔제비꽃_새순

고깔제비꽃_꽃

고깔제비꽃_꽃(뒷모습)

고깔제비꽃_결실(전초)

생육특성

우리나라 전역의 산과 들에 자라는 다년생 초본이다. 생육 환경은 양지 혹은 반음지의 물 빠짐이 좋은 곳에 자란다. 키는 약 15cm 정도이고, 잎은 길이 4~7cm, 너비 4~8cm로 양면, 특히 뒷면 맥 위에 털이 있고 뿌리에서 2~5개씩 모여나며, 다 자란 잎은 심장형이고 끝이 뾰족해진다. 꽃은 홍자색으로 길이 1.5~2cm로 한쪽을 향하여 핀다. 열매는 7~8월경에 길이 1~1.5cm의 타원형으로 달린다.

고산구슬봉이

이 명 고산구슬봉이
학 명 *Gentiana wootchliana* W. K. Paik
과 명 용담과
개화기 4월

고산구슬붕이_꽃

생육특성

우리나라 강원도, 경남과 제주도에 분포하는 1년생 초본이다. 생육 환경은 물 빠짐이 좋은 양지에서 자란다. 키는 5~10㎝이고, 잎은 길이 0.6~2㎝, 너비 0.5~1㎝로 끝이 뾰족하며 뭉친다. 꽃은 하늘색 또는 흰색으로 길이 1.6~2㎝로 깔때기 모양이고 짙은 자주색 줄이 있다. 열매는 6~7월경에 달리며, 종자는 타원형이다.

골무꽃

학 명 *Scutellaria indica* L.
과 명 꿀풀과
개화기 5~6월

골무꽃_새순

골무꽃_꽃(정면)

골무꽃_흰골무꽃

골무꽃_결실

생육특성

우리나라 중부 이남의 산과 들에 자라는 다년생 초본이다. 생육 환경은 부엽질이 풍부한 반그늘에서 잘 자란다. 키 20~30㎝ 정도이며, 잎은 넓은 난형이며 길이 2㎝ 정도이다. 꽃은 자주색으로 줄기 상단부에서 꽃대가 나와서 아래에서 위쪽으로 올라가며 핀다. 꽃 길이 약 3~5㎝가량, 너비 0.7~1㎝ 정도이다. 꽃은 앞부분은 넓지만 뒤쪽으로 가면서 좁아지는 특성을 가지고 있다. 열매는 7~8월경에 작은 원추형으로 달리고 안에는 지름 1㎜ 정도 되는 종자가 들이 있다. 골무꽃의 종류는 그늘골무꽃, 흰골무꽃, 연지골무꽃, 좀골무꽃, 광릉골무꽃, 참골무꽃 등 많이 있는데, 대부분 잎과 꽃을 보고 구분한다.

관중

이 명 호랑고비, 면마
학 명 *Dryopteris crassirhizoma* Nakai
과 명 면마과

관중_새순

관중_잎

관중_새순

관중_새순 확대

생육특성

우리나라 각처의 산지에서 자라는 숙근성 양치류이다. 생육환경은 습기가 많고 토양이 거름 진 곳에서 자란다. 키는 50~100㎝이고, 잎은 길이 약 1m 내외, 너비 약 25㎝ 정도이며 뿌리에서 나온다. 줄기에는 광택이 많이 나고 황갈색 혹은 흑갈색의 비늘과 같은 것이 있다. 포자낭군은 잎 윗부분 가운데 가까이에 두 줄로 붙어 있다.

광대나물

이 명 작은잎꽃수염풀, 긴잎광대수염
학 명 *Lamium amplexicaule* L.
과 명 꿀풀과
개화기 4~5월

광대나물_새순

광대나물_꽃

광대나물_줄기

광대나물_무리

생육특성

우리나라 각처의 밭이나 길가에서 자라는 2년생 초본이다. 생육 환경은 비교적 햇볕이 많이 드는 양지에서 자란다. 키는 10~30㎝가량이며, 줄기는 네모지며 자줏빛이 돈다. 잎은 둥근 모양이며 지름 1~2㎝ 정도이다. 꽃은 붉은색이며 잎겨드랑이에 여러 송이가 붙어 돌려난 것처럼 보인다. 꽃 지름 0.7~1.2㎝ 정도이고 길이 2~3㎝ 정도이다. 열매는 7~8월경에 달걀 모양으로 달린다. 이른 봄 집 주변에서 가장 많이 볼 수 있는 종이다.

광대수염

이 명 산광대, 꽃수염풀
학 명 *Lamium album* var. *barbatum* (Siebold & Zucc.) Franch. & Sav.
과 명 꿀풀과
개화기 5~6월

광대수염_새순

광대수염_꽃봉오리

광대수염_꽃

광대수염_종자 결실

생육특성

우리나라 각처의 산과 들에서 자라는 다년생 초본이다. 생육환경은 토양의 비옥도에 관계없이 잘 자라며 약간 그늘진 곳에서 자란다. 키는 약 30~60㎝ 정도이며, 줄기는 네모지고 잔털이 나 있다. 잎은 난형이며 길이 5~10㎝, 너비 3~8㎝이고 끝이 약간 뾰족하고 가장자리에 톱니가 있다. 꽃은 흰색 혹은 연한 홍자색으로 줄기가 올라오면서 잎이 전개되는 가운데에서 5~6 송이가 뭉쳐서 핀다. 꽃을 앞에서 보면 잔털이 나 있으면서 입을 벌리고 있는 모양이다. 열매는 7~8월경에 달린다.

광릉골무꽃

이 명 광능골무꽃, 숲골무꽃
학 명 *Scutellaria insignis* Nakai
과 명 꿀풀과
개화기 5~6월

광릉골무꽃_잎

광릉골무꽃_꽃

광릉골무꽃_시드는 모습

광릉골무꽃_종자 결실

생육특성

우리나라 중부 이남의 산지에서 자라는 다년생 초본이다. 생육 환경은 반음지 혹은 양지의 물 빠짐이 좋은 곳에서 자란다. 키는 40~70㎝이고, 잎은 길이 4~10㎝, 너비 1.2~4.5㎝로 표면에 털이 있고 뒷면에는 없으며 가장자리에 굵은 톱니가 있고 마주난다. 꽃은 연한 하늘색이며 길이 약 3.5㎝이고 겉에 선모와 털이 있고 윗부분이 방패 모양이며 아래에는 자주색 점이 있다. 열매는 9월경에 달리고 꽃받침에 둘러싸여 있다.

괭이밥

이 명 괭이밥풀, 선괭이밥, 선시금초, 선괭이밥풀, 눈괭이밥, 덤불괭이밥, 시금초, 괴싱이, 외풀

학 명 *Oxalis corniculata* L.

과 명 괭이밥과

개화기 5~8월

괭이밥_잎

괭이밥_꽃

괭이밥_종자 결실

괭이밥_종자가 터진 모습

생육특성

우리나라 각처의 들이나 밭에서 흔히 나는 다년생 초본이다. 생육 환경은 햇볕이 잘 드는 곳이면 어디에서나 잘 자란다. 키는 10~30㎝가량이고, 잎은 마주나고 3개의 작은 잎이 옆으로 펼쳐서 있고 길이와 너비가 각각 1~2.5㎝가량이다. 잎 가장자리와 뒷면에는 털이 약간 있고 햇볕이 부족할 때는 오므라든다. 꽃은 잎겨드랑이에서 길게 나오며 황색이고 지름 0.8㎝ 정도이다. 열매는 9월경에 달리고 길이 1.5~2.5㎝가량이며 안에는 많은 종자가 들어 있다.

구슬붕이

이 명 구실붕이, 구실봉이, 민구슬붕이
학 명 *Gentiana squarrosa* Ledeb.
과 명 용담과
개화기 5~7월

구슬붕이_흰 꽃

구슬붕이_새순

구슬붕이_꽃봉오리

구슬붕이_종자

생육특성

우리나라 각처의 산과 들에 자라는 2년초이다. 생육 환경은 양지바른 곳에서 잘 자라며 토양의 비옥도가 높아야 한다. 키는 3~8㎝로 아주 작은 편이며, 잎은 길이 약 1~4㎝, 너비 0.5~1㎝이고 끝은 뾰족하며 긴 난형이다. 꽃은 연한 보라색으로 지름 약 0.7~1.2㎝이고 원줄기 끝에 여러 송이가 달린다. 열매는 8~9월경에 씨방이 여러 개로 나뉘고 안에 작은 종자가 많이 들어 있다. 어린 용담과 같이 생겨서 '애기용담'이라 부르는 지방도 있다. 꽃 모양은 용담과 같으며, 잎에는 용담과 달리 반짝이는 부분이 많다.

금강애기나리

이 명 진부애기나리
학 명 *Streptopus ovalis* (Ohwi) F. T. Wang et Y. C. Tang
과 명 백합과
개화기 4~6월

금강애기나리_잎

금강애기나리_꽃

금강애기나리_시들어 가는 꽃

금강애기나리_종자

생육특성

우리나라 지리산, 태백산, 오대산, 덕유산, 소백산, 한라산 등과 같은 고산지역에서 자라는 다년생 초본이다. 생육 환경은 고산지역의 산등성이나 침엽수림 가에서 자생하며 부엽질과 습기가 많은 곳을 좋아한다. 키는 10~30㎝ 정도이며, 잎은 길이 2~5㎝이고 긴 난형으로 마주난다. 꽃은 연한 황백색으로 지름 약 0.8~1.2㎝이고, 원줄기 윗부분의 가지 끝에서 통상 2~4개 정도가 달린다. 열매는 7~8월경에 둥글고 붉게 달린다. 잎 모양으로 봐서는 둥굴레나 애기나리와 유사하기 때문에 수의깊게 봐야 하며, 꽃이 피고 난 후 모습은 정확히 구분이 가능하다.

금난초

이 명 금란, 금란초
학 명 *Cephalanthera falcata* (Thunb.) Blume
과 명 난초과
개화기 4~6월

금난초_새순

금난초_꽃봉오리

금난초_꽃

금난초_잎 변형

생육특성

우리나라 남부지방에서 자라는 다년생 초본이다. 생육 환경은 반그늘 혹은 양지에서 잘 자란다. 키는 40~70㎝, 잎은 긴 타원형으로 길이 8~15㎝, 너비 2~4㎝ 정도이다. 꽃은 황색이며 정상부에 3~12개 정도 달리고, 둘러싸고 있는 잎은 길이 2㎜ 정도의 삼각형이다. 꽃받침 잎은 타원형이고 길이 1.4~1.7㎝로 끝이 둔하다. 열매는 7~8월경에 갈색이며 긴 타원형으로 달리고 먼지 같은 작은 종자가 많이 들어 있다. 큰 무리를 이루어 피는 것을 관찰할 수 없었던 품종이고, 최근 들어 중부 지방에서 간혹 발견되는 식물인데, 이는 지구온난화가 한 요인이 아닌가 생각된다. 자생 난 중 꽃이 큰 편이고, 다른 꽃들처럼 활짝 개화하지 않고 반 정도만 개화한다.

금낭화

이 명 등모란, 며느리주머니
학 명 *Dicentra spectabilis* (L.) Lem.
과 명 현호색과
개화기 5~6월

금낭화_새순

금낭화_꽃봉오리

금낭화_흰 꽃

금낭화_종자 결실

생육특성

우리나라 각처의 산지에서 자라는 다년생 초본이다. 생육 환경은 깊은 산 계곡 근처의 부엽질이 풍부한 곳에서 자란다. 키는 60~100㎝이며, 잎은 잎자루가 길고 깃 모양으로 3갈래로 갈라지며, 가장자리에는 결각상 톱니가 있다. 꽃은 연한 홍색이며 줄기를 따라 아래에서 위쪽으로 올라가며 심장형으로 달리고, 완전히 개화하기 전에는 좌우에 있는 흰색이 붙어 있지만 완전히 개화되면 위쪽으로 말려 올라간다. 꽃 가운데 흰 주머니 모양은 암술과 수술이 들어 있는 곳이다. 열매는 6~7월경에 긴 타원형으로 달리고 안에는 검고 광채가 나는 종자가 들어 있다.

금붓꽃

이 명 누른붓꽃
학 명 *minutiaurea* Makino
과 명 붓꽃과
개화기 4~5월

금붓꽃_잎

금붓꽃_꽃봉오리

금붓꽃_꽃

금붓꽃_꽃이 시든 모습

생육특성

우리나라 중부 이남의 산에서 자라는 다년생 초본이다. 생육환경은 반그늘 혹은 양지에 서식하며, 뿌리가 옆으로 퍼지면서 자란다. 키는 10~15㎝이고, 잎은 뿌리 부분에서 올라오며 길이 15~20㎝ 정도로 꽃보다 길며 너비는 0.3~0.8㎝이다. 꽃은 노란색으로 지름 2㎝ 정도이고 줄기 끝에 한 송이만 달린다. 열매는 6~7월경에 달리고, 종자는 광택이 나고 검다. 무리지어 피지 않고 드물게 피는 곳이 많으며, 간혹 무리지어 피는 개체 수도 20~30 개체 정도로 규모가 작은 편이다.

금창초

이 명 금란초, 섬자란초, 가지조개나물
학 명 *Ajuga decumbens* Thunb
과 명 꿀풀과
개화기 5~6월

금창초_잎

금창초_꽃

금창초_무리

금창초_시드는 모습

생육특성

우리나라 남부지방의 길가에서 자라는 다년생 초본이다. 생육환경은 습기가 많은 곳이나 양지에서 잘 자란다. 키는 4~6㎝ 정도이며, 잎은 끝이 뾰족하게 갈라진 난형이다. 줄기 및 잎에는 많은 털이 나 있으며, 잎 가장자리에는 물결 모양의 톱니가 있고 줄기는 누워 있다. 꽃은 자주색으로 잎 옆에 몇 개씩 달리고, 꽃이 피는 줄기는 4~6개가 높이 5~15㎝ 정도로 곧게 자라며 몇 쌍의 잎이 달리고 자줏빛이 돈다. 열매는 8~10월경에 달리고 그물 무늬가 있다.

긴병꽃풀

이 명 조선광대수염, 덩굴광대수염, 참덩굴광대수염
학 명 *Glechoma grandis* (A. Gray) Kuprian
과 명 꿀풀과
개화기 4~5월

긴병꽃풀_새순

긴병꽃풀_잎

긴병꽃풀_꽃봉오리

긴병꽃풀_꽃

생육특성

우리나라 전남, 경남, 경기, 황해 이북에 나는 다년생 초본이다. 생육 환경은 물 빠짐이 좋고 토양이 비옥한 반그늘에서 자란다. 키는 5~20㎝이고, 잎은 길이 1.5~2.5㎝, 너비 2~3㎝이며 잎 끝은 둥글고 심장형이며 가장자리에 둔한 톱니가 있고 마주난다. 꽃은 연한 자주색으로 잎 아래에서 1~3개씩 달리며 입술 모양으로 길이 1.5~2.5㎝이다. 열매는 6월경에 타원형으로 달린다.

까마중

이 명 가마중, 강태, 깜푸라지, 먹딸기, 먹때꽐, 까마종
학 명 *Solanum nigrum* L.
과 명 가지과
개화기 5~7월

까마중_잎

까마중_꽃

까마중_줄기

까마중_종자

생육특성

우리나라 각처의 밭이나 길가에서 자라는 1년생 초본이다. 생육 환경은 양지와 반그늘에서 자란다. 키는 20~90㎝이고, 잎은 길이 6~10㎝, 너비 4~6㎝로 난형이며 어긋난다. 꽃은 흰색이고 지름 약 0.6㎝이며 작은 꽃줄기가 있고 정상부에 3~8 송이가 달린다. 열매는 9~11월경에 둥글고 검게 달린다.

깽깽이풀

이 명 깽이풀, 황련, 조황련
학 명 *Jeffersonia dubia* (Maxim.) Benth. & Hook. f. ex Baker & S. Moore
과 명 매자나무과
개화기 4~5월

깽깽이풀_새순

깽깽이풀_잎

깽깽이풀_꽃

깽깽이풀_꽃이 지는 모습

깽깽이풀_꽃이 진 후의 모습

생육특성

우리나라 전국 숲에서 자라는 다년생 초본이다. 생육 환경은 비옥한 토양, 반그늘 조건에서 자란다. 키는 20~30㎝ 정도이고, 잎은 둥근 심장형이며 길이와 너비 각각 9㎝로 가장자리가 조금 들어가 있고 전체가 딱딱하며 연잎처럼 물에 젖지 않는다. 꽃은 홍자색이고 지름 2㎝가량이며 잎보다 먼저 나온 1~2개의 꽃줄기 끝에 1개씩 달린다. 개화 후 꽃잎은 약한 바람에도 떨어지기 때문에 다른 꽃보다 빨리 꽃이 진다. 열매는 7월경에 넓은 타원형으로 달리고, 종자는 흑색이다.

자생지를 가 보면 한 줄로 길게 자생하는 것을 볼 수 있는데, 이는 종자가 땅에 떨어지면 이것을 개미와 같은 매개충들이 옮기는 과정에서 기인된 것이 아닌가 생각된다. 특히 많은 자생지가 훼손된 것은 한약재의 중요 재료로 이용되고 있기 때문이고, 중국과 일본에서 생산되는 것보다 우리나라에서 생산된 것이 월등히 우수하다 하여 '조황련' 혹은 '선황련'이라는 이름으로 불린다.

꽃다지

이 명 코딱지나물
학 명 *Draba nemorosa* L.
과 명 십자화과
개화기 4~6월

꽃다지_새순

꽃다지_꽃봉오리

꽃다지_꽃

꽃다지_전초

생육특성

우리나라 각처의 들에서 자라는 2년생 초본이다. 생육 환경은 햇볕이 잘 드는 곳이면 토양의 조건에 관계없이 자란다. 키는 약 20㎝이고, 잎은 긴 타원형으로 길이 2~4㎝, 너비 0.8~1.5㎝로 방석처럼 퍼져 있다. 꽃은 원줄기나 가지 끝에 여러 송이가 어긋나게 달리며, 작은 꽃줄기 길이 1~2㎝로 비스듬히 옆으로 퍼진다. 열매는 7~8월경에 달리고 편평하고 긴 타원형으로 길이 0.5~0.8㎝, 너비 약 0.2㎝이다.

꽃마리

이 명 꽃따지, 꽃말이, 잣냉이
학 명 *Trigonotis peduncularis* (Trevis.) Benth. ex Baker & S. Moor
과 명 지치과
개화기 4~7월

꽃마리_꽃봉오리

꽃마리_전초

꽃마리_시드는 모습

꽃마리_종자 결실

생육특성

우리나라 각처 산과 들의 건조한 곳에서 나는 2년생 초본이다. 생육 환경은 반그늘 혹은 양지에서 자란다. 키는 10~30㎝이고, 잎은 길이 1~3㎝, 너비 0.6~1㎝로 양면에 짧고 거센 털이 있으며 긴 타원형으로 어긋난다. 꽃은 연한 하늘색이며 줄기나 가지 끝에 달린다. 열매는 8월경에 달린다.

꿩의다리아재비

이 명 개음양곽, 가락풀나물, 줄기잎나물
학 명 *Caulophyllum robustum* Maxim.
과 명 매자나무과
개화기 5~6월

꿩의다리아재비_새순

꿩의다리아재비_잎

꿩의다리아재비_꽃봉오리

꿩의다리아재비_꽃

생육특성

우리나라 중부 이북의 깊은 산에서 자라는 다년생 초본이다. 생육 환경은 주변 습도가 높고 햇볕이 많이 들지 않으며 토양의 유기질이 풍부한 곳에서 자란다. 키는 40~80㎝이고, 잎은 뿌리줄기 윗부분에서 2개의 잎이 마주나고, 작은 잎은 긴 타원형으로 길이 4~8㎝, 너비 2~4㎝이며 끝이 뾰족하다. 꽃은 원줄기 끝의 작은 가지에서 꽃들이 나와 원뿔 모양을 이루고 녹황색으로 지름 1~1.2㎝가량이다. 열매는 7~8월경에 날리며 하늘색으로 길이 0.4~0.6㎝, 지름 0.6~0.7㎝인데, 종자가 노출된 상태로 성장하기 때문에 열매처럼 보인다.

꿩의바람꽃

학 명 *Anemone raddeana* Regel
과 명 미나리아재비과
개화기 4~5월

꿩의바람꽃_새순

꿩의바람꽃_꽃봉오리

꿩의바람꽃_꽃

꿩의바람꽃_무리

생육특성

우리나라 각처의 산지에서 자라는 다년생 초본이다. 생육 환경은 숲 속의 나무 아래에서 주로 자라며 양지와 반그늘에서 볼 수 있다. 키는 10~15㎝이고, 잎은 한 줄기에서 3갈래로 갈라진다. 꽃은 흰색이고 긴 줄기 위에 한 송이만 달리며 지름 3~4㎝이다. 이 품종은 수분의 가늠자와 같은 역할을 하는데, 주변에 수분이 많이 없으면 펴져 있던 잎이 말려서 수분이 부족한 것을 알 수 있게 한다. 뿌리는 길게 된 하나의 덩이뿌리 모양이며 지하 약 10㎝ 깊이에 묻혀 아래로 길게 뻗어 있다.

나도개감채

이 명 산무릇, 꽃개감채, 가는잎두메무릇
학 명 *Lloydia triflora* (Ledeb.) Baker
과 명 백합과
개화기 4~5월

나도개감채_꽃

나도개감채_꽃 뒷부분

나도개감채_개화 전

나도개감채_전초

생육특성

우리나라 중·북부 이북의 깊은 산에서 자라는 다년생 초본이다. 최근에는 남도 지방의 높은 산에서도 드물게 관찰되고 있기도 하다. 생육 환경은 고산지역 반그늘의 토양이 비옥한 곳에서 자란다. 키는 10~25㎝ 정도이며, 잎은 길이 10~20㎝, 너비 1.2~2.5㎝이고 가늘고 길게 자라 마치 파 잎과 같은 모양이다. 꽃은 흰색 바탕에 녹색 줄이 있고, 너비 1~2㎝이며 꽃줄기에 2~6송이 정도 달린다. 열매는 6~7월경에 달리고 달걀 모양이다. 뿌리는 알뿌리로 비늘줄기는 넓은 타원형이다. 무리지어 있는 모습은 잘 보이지 않고 드문드문 핀 모습은 많이 볼 수 있다.

나도바람꽃

이 명 향수꽃
학 명 *Enemion raddeanum* Regel
과 명 미나리아재비과
개화기 5~6월

나도바람꽃_꽃망울

나도바람꽃_꽃

나도바람꽃_전초

나도바람꽃_열매

생육특성

우리나라 강원도 이북의 산지에서 자라는 다년생 초본이다. 생육 환경은 햇볕이 잘 들지 않는 음습한 곳의 토양이 비옥한 땅에서 자란다. 키는 20~30㎝가량이고, 잎은 뿌리에서 나온 잎은 뭉쳐 있고 표면은 녹색이고 뒷면은 분백색이며 짧은 털이 있으며, 작은 잎은 난형이다. 꽃은 위를 향해 흰색으로 피고 꽃잎이 없으며 수술은 가늘고 많은 반면, 암술대는 윗부분이 굵다. 열매는 6~7월경에 3~5개의 방으로 달린다.

나도제비란

이 명 차일봉무엽란, 방울난초, 큰홀잎난초
학 명 *Orchis cyclochila* (Franch. & Sav.) Maxim.
과 명 난초과
개화기 5~6월

나도제비란_새순

나도제비란_꽃

나도제비란_꽃봉오리

나도제비란_흰 꽃

생육특성

우리나라 지리산과 제주도 한라산, 함경도의 높은 산에서 자라는 다년생 초본이다. 생육 환경은 고산지역의 습도가 높은 양지에서 자란다. 키는 10~15㎝ 정도이고, 잎은 길이 4.5~7㎝, 너비 3~5㎝이고 알뿌리에서 1장 나오며 타원형이다. 꽃은 연한 홍색이고 보통 줄기 끝에 2개씩 달리며, 포는 좁고 긴 난형으로 길이 1~2.5㎝이다. 꽃받침 잎은 길이 0.8~1㎝로 넓고 뾰족하다. 열매는 7~8월경에 달리고 타원형이다.

남산제비꽃

이 명 남산오랑캐
학 명 *Viola albida* var. *chaerophylloides* (Regel) F. Maek. ex Hara
과 명 제비꽃과
개화기 4~6월

남산제비꽃_꽃

남산제비꽃_꽃(정면)

남산제비꽃_꽃(측면)

남산제비꽃_꽃(뒷모습)

생육특성

우리나라 전역의 산과 들에 자라는 다년생 초본이다. 생육환경은 양지 혹은 반음지의 물 빠짐이 좋은 곳에 자란다. 키는 10~15㎝이고, 잎은 3개로 완전히 갈라지며 옆에 있는 것은 다시 2개로 갈라져 새 발 모양이며 뿌리 부분에서 나온다. 꽃은 흰색으로 잎 사이에서 꽃줄기가 나와 한 송이씩 달린다. 열매는 7~8월경에 타원형으로 달린다.

너도바람꽃

이 명 절분초
학 명 *Eranthis stellata* Maxim.
과 명 미나리아재비과
개화기 3~4월

너도바람꽃_잎

너도바람꽃_꽃

너도바람꽃_열매

너도바람꽃_종자 결실

생육특성

우리나라 북부 이북과 지리산, 덕유산에 자라는 다년생 초본이다. 생육 환경은 산지의 반그늘에서 자란다. 키는 15㎝ 정도이며, 잎은 길이 약 3.5~4.5㎝, 너비 4~5㎝이고 깊게 3갈래로 나뉘며, 양쪽 갈래는 깃 모양으로 다시 3갈래로 갈라진다. 꽃은 흰색으로 꽃자루 끝에 한 송이가 피며 지름 2㎝ 내외이다. 꽃이 필 때는 꽃자루에 꽃과 자줏빛 잎만이 보이다 꽃이 질 때쯤 녹색으로 바뀐다. 열매는 6~7월경에 달린다.

노랑매미꽃

이 명 피나물, 매미꽃, 봄매미꽃, 선매미꽃
학 명 *Hylomecon vernalis* Maxim.
과 명 양귀비과
개화기 4~5월

노랑매미꽃_잎

노랑매미꽃_꽃봉오리

노랑매미꽃_꽃

노랑매미꽃_종자 결실

생육특성

우리나라 중부 이북 숲에서 자라는 다년생 초본이다. 생육 환경은 반그늘이며 주변에 습기가 많은 곳에서 자란다. 키는 약 30㎝ 정도이고, 잎은 줄기 아래에 난 것은 크고 깃 모양이며, 윗부분의 잎은 작은 잎이 3~5장 정도 달리고 가장자리에 불규칙한 톱니가 있다. 꽃은 선명한 황색이고 원줄기 끝의 잎겨드랑이에서 1~3개의 긴 꽃줄기가 나오고 끝에 한 송이씩 달린다. 열매는 6~7월경에 길이 3~5㎝, 지름 3㎜ 정도로 뾰족하게 달리고 안에는 많은 종자가 들어 있다. 줄기를 자르면 붉은색 액체가 나오기 때문에 '피나물'이라고도 한다.

노랑무늬붓꽃

이 명 흰노랑붓꽃
학 명 *Iris odaesanensis* Y. N. Lee
과 명 붓꽃과
개화기 4~6월

노랑무늬붓꽃_꽃

노랑무늬붓꽃_꽃봉오리

노랑무늬붓꽃_전초

노랑무늬붓꽃_종자 결실

생육특성

우리나라 오대산, 대관령, 태백산과 경상북도 일원의 산에서 자라는 우리나라 특산 식물로, 다년생 초본이다. 생육 환경은 음습하며 토양의 비옥도가 높은 곳에서 자란다. 키는 20㎝ 내외이고, 잎은 칼 모양으로 아랫부분은 가늘고 중간 부위는 넓으며 위로 올라갈수록 좁아지는 형태로 길이 12~35㎝, 너비 1.2㎝가량이다. 꽃은 지름 3.5㎝ 정도로 꽃줄기에 2송이씩 달리고, 밖으로 젖혀진 넓은 꽃잎은 흰 바탕에 안쪽에 노란 줄무늬가 있고, 안쪽의 좁은 꽃잎은 희고 비스듬히 선다. 수술은 3개, 꽃밥은 분홍빛을 띤 녹색이며, 암술은 끝이 3갈래로 갈라지고 혀 모양이다. 열매는 6~8월경에 삼각형으로 달린다.

노랑제비꽃

이 명 노랑오랑캐, 노랑오랑캐꽃
학 명 *Viola orientalis* (Maxim.) W. Becker
과 명 제비꽃과
개화기 4~6월

노랑제비꽃_꽃

노랑제비꽃_뒷모습

노랑제비꽃_종자

노랑제비꽃_종자 결실

생육특성

우리나라 각처의 산에서 자라는 다년생 초본이다. 생육 환경은 반그늘과 양지에서 잘 자라며, 고산지대에서는 바위틈이나 양지에서 자란다. 키는 10~18㎝이며, 잎은 난상 심장형으로 가장자리에 톱니가 있고 길이 7~12㎝이며 표면은 윤기가 있고 뒷면은 갈색을 띤다. 꽃은 노란색이고 줄기 끝의 두꺼운 잎 사이로 2~3송이가 달리고, 뒷면은 약한 자줏빛이다. 열매는 8~9월경에 달리고 난상 타원형으로 털이 없다.

노루귀

이 명 뾰족노루귀
학 명 *Hepatica asiatica* Nakai
과 명 미나리아재비과
개화기 4~5월

노루귀_새순

노루귀_꽃봉오리

노루귀_겹노루귀

노루귀_종자 결실

생육특성

우리나라 각처의 산지에서 자라는 다년생 초본이다. 생육 환경은 나무 밑 비옥한 토양에 자라는 양지 식물이다. 키는 9~14㎝이고, 잎은 길이 5㎝이고 3갈래로 난 잎은 난형이며 끝이 둔하고 솜털이 많이 나 있다. 꽃은 흰색, 분홍색, 청색으로 꽃줄기 위로 한 송이가 달리고 지름 1.5㎝ 정도이다. 열매는 6월에 달린다. 꽃이 피고 나면 잎이 나오기 시작하는데, 그 모습이 마치 노루의 귀를 닮았다고 해서 '노루귀'라는 이름이 붙여졌다. 유사한 품종으로 분홍색과 청색으로 피는 종이 있다.

노루발

이 명 노루발풀
학 명 *Pyrola japonica* Klenze ex Alef.
과 명 노루발과
개화기 6~7월

노루발_새순

노루발_꽃봉오리

노루발_꽃

노루발_종자 결실

생육특성

우리나라 각처의 산에서 자라는 상록 다년생 초본이다. 생육환경은 반그늘의 낙엽수 아래에서 자란다. 키는 25㎝ 내외이고, 잎은 길이 5~7㎝, 너비 3~5㎝이고 밑동에서 뭉쳐서 나며 넓은 타원형이다. 꽃은 흰색이고 길이 10~25㎝, 지름 1.2~1.5㎝로 윗부분에 2~12개 정도가 무리지어 달리며 능선이 있고 1~2개의 비늘 같은 잎이 있다. 열매는 9~10월경에 달리고 흑갈색으로 이듬해까지 남아 있다.

잎은 밝은 광택이 나고, 한겨울에도 잎이 고사하지 않는 특징이 있다. 옮겨 심기가 까다로운 식물이어서 채취하지 말아야 한다.

노루삼

학 명 *Actaea asiatica* H. Hara
과 명 미나리아재비과
개화기 5~6월

노루삼_잎

노루삼_꽃

노루삼_종자 결실 전

노루삼_열매

생육특성

우리나라 각처의 산에서 자라는 다년생 초본이다. 생육 환경은 산의 약간 습하고 그늘진 곳에서 자란다. 키는 60㎝ 내외이며, 잎은 길이 4~10㎝로 작은 잎은 난형이며 가장자리에 뾰족한 톱니가 있고 끝은 뾰족하다. 줄기 아래에 있는 잎은 비늘조각 모양이다. 꽃은 흰색이며 줄기 윗부분에 길이 3~5㎝로 뭉쳐 달린다. 작은 꽃은 길이 1~1.5㎝, 지름 1㎜ 정도이고 시들 무렵에는 암적색으로 된다. 열매는 7~8월경에 검고 길게 달린다.

달래

이 명 들달래
학 명 *Allium monanthum* Maxim.
과 명 백합과
개화기 4월

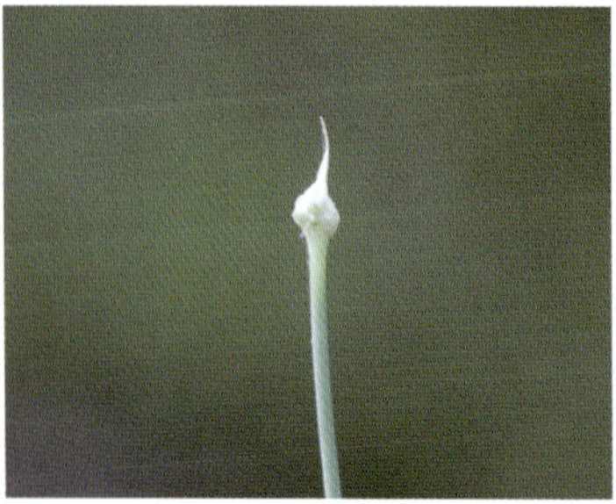

달래_새순

달래_잎

달래_꽃봉오리

달래_꽃

생육특성

우리나라 중부 이남의 산이나 들에 자라는 다년생 초본이다. 생육 환경은 풀숲 반그늘의 토양이 비옥한 땅에서 자란다. 키는 5~12㎝, 잎은 길이 10~20㎝, 너비 0.3~0.8㎝로 뿌리에서 1~2장 나오며 부채꼴이다. 꽃은 흰색 또는 붉은색이 도는 흰색으로 꽃줄기 끝에 1~2송이 달린다. 꽃이 피기 전 비늘과 같은 것이 꽃을 감싸고 있다. 열매는 6~7월경에 달리고 검고 둥글다. 주변에서 많이 볼 수 있는 품종이며, 유사한 종으로는 산달래가 있다.

당개지치

이 명 당꽃마리
학 명 *Brachybotrys paridiformis* Maxim. ex Oliv.
과 명 지치과
개화기 5~6월

당개지치_새순

당개지치_잎

당개지치_꽃봉오리

당개지치_꽃

생육특성

우리나라 중부 이북의 산지에서 자라는 다년생 초본이다. 생육 환경은 주변 습도가 높고 물 빠짐이 좋으며 유기질 함량이 풍부한 토양에서 자란다. 키는 40㎝가량이고, 잎은 마주나며 표면과 가장자리에 긴 흰색 털이 있고, 위로 올라가면서 잎몸이 자라면서 원줄기를 감싸고 끝에서는 5~7개의 잎이 돌려가며 난 것처럼 보인다. 꽃은 지름 1㎝ 정도로 5~7개가 자주색으로 피고 잎 사이 줄기에서 뻗어 나온다. 수술은 5개로 짧으며, 암술대는 1개로 길게 밖으로 빠져나와 있다. 열매는 8~9월경에 검은색으로 달리고 짧은 털이 있으며 밑으로 처진다.

댓잎현호색

이 명 대잎현호색
학 명 *Corydalis remota* Fisch. ex Maxim. f. *linearis* (Regel) NaKai
과 명 현호색과
개화기 4~5월

댓잎현호색_잎

댓잎현호색_꽃

댓잎현호색_꽃(자주색)

댓잎현호색_전초

생육특성

우리나라 각처의 산지에서 나는 다년생 초본이다. 생육 환경은 빈그늘 혹은 양지의 물 빠짐이 좋고 토양 비옥도가 높은 곳에서 자란다. 키는 20㎝ 정도이고, 잎은 1~2회 갈라진 깃 모양으로 끝이 뾰족하다. 꽃은 연한 자주색 혹은 보라색이며 길이 약 2㎝로 원줄기 끝에서 5~10여 개가 뭉쳐서 달리고 한쪽 옆을 향하며 입술처럼 퍼진다. 열매는 6~7월경에 긴 타원형으로 달리고, 종자는 검은 광택이 난다.

덩굴개별꽃

이 명 덩굴미치광이, 둥근잎미치광이
학 명 *Pseudostellaria davidii* (Franch.) Pax ex Pax & Hoffm
과 명 석죽과
개화기 5~6월

덩굴개별꽃_새순

덩굴개별꽃_꽃봉오리

덩굴개별꽃_무리

덩굴개별꽃_꽃

생육특성

우리나라 각처의 산과 들에서 자라는 다년생 초본이다. 생육환경은 반그늘의 토양 비옥도가 높은 곳에서 자란다. 키는 15㎝ 정도이고, 잎은 타원형 또는 난형으로 끝이 가시처럼 뾰족하다. 꽃은 흰색이고 잎겨드랑이에서 실 같은 긴 꽃줄기가 나와 한 송이씩 달린다. 열매는 6~7월경에 달린다.

덩굴꽃마리

이 명 덩굴꽃말이
학 명 *Trigonotis icumae* (Maxim.) Makino
과 명 지치과
개화기 5~6월

덩굴꽃마리_새순

덩굴꽃마리_잎

덩굴꽃마리_꽃봉오리

덩굴꽃마리_꽃

생육특성

우리나라 중부 이남의 산과 들에서 자라는 다년생 초본이다. 생육 환경은 햇볕이 잘 들고 물 빠짐이 좋은 곳이면 어디든지 잘 자란다. 키는 7~20㎝이며, 잎은 마주나고 가장자리는 밋밋하고, 밑부분 잎은 잎자루가 길지만 위로 갈수록 짧아지고 길이 3~5㎝, 너비 1.5~2.5㎝ 정도이다. 줄기 전체에 두꺼운 털이 있으며 옆으로 눕고 잎겨드랑이에서 나온 가지가 길게 자라 덩굴성이 된다. 꽃은 여러 개가 어긋나게 붙으며 밑에서부터 피기 시작한다. 열매는 9월경에 달리며 끝이 뾰족하고 삼각형이며 잔털이 있다.

돌나물

이 명 돈나물
학 명 *Sedum satrmentosum* Bunge
과 명 돌나물과
개화기 5~6월

돌나물_새싹

돌나물_새순

돌나물_꽃

돌나물_꽃

생육특성

우리나라 각처의 산에 자라는 다년생 초본이다. 생육 환경은 집 주변의 돌이나 양지바른 곳에서 자란다. 키는 약 15㎝이고, 잎은 길이 1.5~2㎝, 너비 0.3~0.6㎝이며 보통 3장씩 돌려나고 난형이다. 꽃은 황색으로 지름 0.6~1㎝ 정도이고 줄기 윗부분에 달린다. 꽃받침 잎은 뾰족하며 황색이고, 수술은 10개이다. 열매는 7~8월경에 달리고 흑갈색 씨방에 작은 종자가 많이 들어 있다. 돌나물은 수변에서 흔히 보는 품종으로, 돌이나 일반 토양에서 잘 자라기 때문에 재배도 많이 되고 있다.

돌단풍

이 명 돌나리, 부처손, 장장포
학 명 *Mukdenia rossii* (Oliv.) Koidz.
과 명 범의귀과
개화기 5월

돌단풍_새순

돌단풍_잎

돌단풍_꽃

돌단풍_종자 결실

생육특성

우리나라 충북 이북지방의 돌에 붙어 자라는 다년생 초본이다. 생육 환경은 돌이 많은 곳에서 자라는데, 어느 정도의 토양은 있어야 생존이 가능하며 반그늘에서 자란다. 키는 약 30㎝ 정도이고, 잎은 황녹색 또는 연녹색이고 길이 20㎝ 정도이며 뿌리줄기 끝이나 그 근처에서 1~2개씩 나오고 긴 난형이다. 꽃줄기는 잎이 없고 비스듬히 자라며 높이 30㎝ 정도이고 흰색 바탕에 약간 붉은빛이 돌고 윗부분에 형성된다. 열매는 7~8월경에 날리고 난형이며 익으면 2개로 갈라지고 안에는 종자가 많이 들어 있다.

도로 건설이 많이 되면서 주변 생육 환경이 열악해서 많은 부분의 자생지가 훼손을 당하고 있다. 최근에는 실내 조경이 많이 행해지면서 중국에서 묘가 많이 수입되고 있다.

돌양지꽃

이 명 바위양지꽃
학 명 *Potentilla dickinsii* Franch. & Sav.
과 명 장미과
개화기 6~7월

돌양지꽃_새순

돌양지꽃_잎

돌양지꽃_꽃

돌양지꽃_무리

생육특성

우리나라 각처의 산에서 자라는 다년생 초본이다. 생육 환경은 안개가 많고 습기가 많은 곳의 바위틈에서 자란다. 키는 약 20㎝이고, 잎은 길이 2㎝가량으로 깃 모양이며 밑부분의 잎은 작고 가장자리에 톱니가 있으며 앞면은 녹색이고 뒷면은 흰색이다. 꽃은 황색으로 줄기 끝이나 잎겨드랑이 사이에서 가는 꽃줄기에 달린다. 열매는 9월경에 달린다. 잎만 보면 일반 양지꽃과 별다른 차이가 없지만, 꽃의 전체적인 크기와 키를 보면 알 수 있다.

동강할미꽃

학 명 *Pulsatilla tongkangensis* Y. N. Lee & T. C. Lee
과 명 미나리아재비과
개화기 4월

동강할미꽃_새순

동강할미꽃_꽃봉오리

동강할미꽃_꽃

동강할미꽃_시든 모습

생육특성

우리나라 강원도 동강 유역의 산 바위틈에서 자라는 다년생 초본으로 우리나라 특산식물이다. 생육 환경은 석회질이 많은 바위틈에서 자란다. 키는 약 15㎝이고, 잎은 7~8장의 작은 잎으로 되어 있고, 잎 윗면은 광채가 있고 아랫면은 진한 녹색이다. 꽃은 연분홍, 붉은사주, 청보라색으로 피고, 처음에는 위를 향해 피었다가 꽃자루가 길어지면서 옆을 향한다. 열매는 6·7월경에 달리고 가늘고 흰 털이 많다.

동의나물

학 명 *Caltha palustris* L
과 명 미나리아재비과
개화기 4~5월

동의나물_새순

동의나물_잎

동의나물_꽃봉오리

동의나물_꽃

생육특성

우리나라 각처의 산에 자라는 다년생 초본이다. 생육 환경은 반그늘이며 습기가 많은 곳에서 자란다. 키는 50㎝ 정도이고, 잎은 길이 5~10㎝이며 둥근 심장형으로 가장자리에 둔한 톱니가 있다. 꽃이 시들고 종자가 익을 무렵이면 잎이 넓어지기 시작한다. 꽃은 노란색으로 줄기 끝에 1~2송이가 달린다. 열매는 6~7월경에 달리고 갈색으로 된 씨방에는 많은 종자가 들어 있다. 물가에서 길러도 잘 사는 품종인데, 수분기가 없으면 고사하기 때문에 수생 식물과 같이 사는 경우도 볼 수 있고, 주변에는 박새와 습을 좋아하는 노루오줌이 같이 생존한다.

두루미꽃

이 명 좀두루미꽃
학 명 *Maianthemum bifolium* (L.) F. W. Schmidt
과 명 백합과
개화기 5~7월

두루미꽃_새순

두루미꽃_꽃봉오리

두루미꽃_개화

두루미꽃_꽃

생육특성

우리나라 각처의 높은 산에서 자라는 다년생 초본이다. 생육환경은 산속 숲 속 반그늘의 습기가 많은 곳에서 자란다. 키는 8~15㎝ 내외이고, 잎은 길이 2~5㎝, 너비 1.5~4㎝이며 심장형으로 줄기에서 2~3장이 나오며 끝은 뾰족하고 뒷면에는 돌기 모양의 털이 있다. 꽃은 흰색으로 줄기 끝에 5~20송이 정도의 작은 꽃이 무리지어 핀다. 잎과 잎 사이에서 줄기가 올라오며, 꽃이 필 무렵에 잎이 2장 더 나와 그 사이에서 꽃이 핀다. 열매는 8~9월경에 붉은색으로 달린다.

두루미천남성

이 명 개천남성, 새깃사두초
학 명 *Arisaema heterophyllum* Blume
과 명 천남성과
개화기 5~6월

두루미천남성_잎

두루미천남성_잎 생김새

두루미천남성_꽃(정면)

두루미천남성_꽃(뒷면)

생육특성

우리나라 전국의 산에 자라는 다년생 초본이다. 생육 환경은 토양의 비옥도가 좋고 습기가 많지 않은 곳에서 자란다. 키는 50~70㎝이고, 잎은 길이 10~20㎝, 너비 2~6㎝ 정도로 1개가 나와 7~11장 정도로 새의 발 모양으로 갈라지고 끝은 뾰족하고 긴 타원형이다. 꽃은 녹색으로 길이 7~12㎝, 너비 3~6㎝로 난형이며 올라가다 끝이 구부러지고 자츰 뾰족해지며 꼬리처럼 위로 솟구친다. 열매는 9월경에 붉은색으로 달리며, 옥수수알처럼 빽빽하게 달린 종자들이 긴 타원형을 이룬다.

둥근털제비꽃

이 명 둥근털오랑캐, 둥글제비꽃
학 명 *Viola collina* Besser
과 명 제비꽃과
개화기 4~5월

둥근털제비꽃_잎

둥근털제비꽃_꽃

둥근털제비꽃_뒷모습

둥근털제비꽃_무리

생육특성

우리나라 전역의 산과 들에 자라는 다년생 초본이다. 생육환경은 양지 혹은 반음지의 물 빠짐이 좋은 곳에 자란다. 키는 3~8㎝이고, 잎은 길이 2~3.5㎝, 너비 2~3㎝로 전체에 잔털이 많이 나 있고, 열매가 익을 때에는 길이 약 6㎝에 달한다. 꽃은 연한 자주색이며 여러 줄기의 꽃줄기가 나와 끝에 1개의 작은 꽃이 한쪽을 향하여 핀다. 열매는 6~7월경에 둥글고 짧은 털이 많이 달린다.

들현호색

학 명 *Corydalis ternata* Nakai
과 명 현호색과
개화기 4~5월

들현호색_꽃봉오리

들현호색_꽃

들현호색_새순

들현호색_전초

생육특성

우리나라 중부 이남의 논과 밭에 나는 다년생 초본이다. 생육환경은 양지 혹은 반음지에서 자란다. 키는 15㎝ 정도이고, 잎은 길이 0.8~2㎝, 너비 0.3~1.6㎝로 표면은 녹색이고 뒷면은 회청색이며 어긋난다. 꽃은 홍자색으로 길이 1.5~1.8㎝로 원줄기 끝에 뭉쳐서 달리나. 열매는 6~7월경에 길이 1.2~1.8㎝ 정도의 배 모양으로 끝이 뾰족하게 달리고, 종자는 둥글고 광택이 난다.

등대풀

이 명 등대대극, 등대초
학 명 *Euphorbia helioscopia* L.
과 명 대극과
개화기 5월

등대풀_새순

등대풀_꽃봉오리

등대풀_꽃

등대풀_무리

생육특성

우리나라 경기도 이남의 들에서 자라는 2년생 초본이다. 생육 환경은 햇볕이 잘 들고 물 빠짐이 좋으며 부엽질이 풍부한 곳에서 자란다. 키는 30㎝가량이고, 잎은 길이 1~3㎝, 너비 0.6~2㎝ 정도로 마주나고 가장자리에 잔톱니가 있으며 가지가 갈라지는 끝부분 밑에서 5개의 잎이 돌려난다. 줄기는 원기둥 모양으로 가을에 나와 다음해에 무성해지며 자르면 유액이 나온다. 꽃은 황녹색으로 잎이 단지처럼 감싸고 있는 부위에서 지름 0.2㎝ 정도로 여러 개가 달리고, 안에는 암꽃 1개와 여러 개의 수꽃이 있다. 열매는 9~10월경에 달리며 길이 약 0.3㎝이고, 종자는 갈색으로 겉에 그물무늬가 있다.

등심붓꽃

이 명 골붓꽃
학 명 *Sisyrinchium angustifolium* Mill.
과 명 붓꽃과
개화기 5~6월

등심붓꽃_전초

등심붓꽃_꽃

등심붓꽃_분홍 꽃

등심붓꽃_종자 결실

생육특성

북아메리카가 원산으로, 제주도에 귀화하여 야생 상태를 이루는 다년생 초본이다. 생육 환경은 햇볕이 잘 드는 곳의 물 빠짐이 좋은 곳에서 잘 자란다. 키는 10~20㎝ 정도이고, 잎은 밑부분에 많이 달리고, 줄기에서 나는 잎은 원줄기를 감싸고 양쪽 가장자리가 원줄기로 흐르며 길이 4~10㎝, 너비 약 0.3㎝이고, 윗부분은 뾰족하며 녹색이고 가장자리에 잔톱니가 있다. 꽃은 원줄기 끝에 달린 길이 2~3㎝의 포 사이에서 2~5개가 나오며 청자색으로 핀다. 꽃은 하루만에 시드는 1일화다. 열매는 6~7월경에 자갈색으로 익으며 둥글고 광택이 있다.

만주바람꽃

학 명 *Isopyrum manshuricum* (Kom.) Kom.
과 명 미나리아재비과
개화기 4~5월

만주바람꽃_새순

만주바람꽃_꽃

만주바람꽃_꽃

만주바람꽃_무리

생육특성

우리나라 중부 이북에서 자라는 다년생 초본이다. 생육 환경은 토양에 부엽질이 많은 양지에서 자란다. 키는 15~20㎝이고, 잎은 한 잎에서 3갈래로 갈라지고 다시 잎은 2~3개로 갈라진다. 꽃은 옅은 노란색과 흰색으로 잎 사이에서 한 송이씩 날리며 지름 약 1.5㎝이고 긴 꽃자루가 있다. 뿌리 부분은 마치 고구마 줄기처럼 많은 덩이뿌리가 달려 있다. 어린 싹이 올라올 때는 마치 개구리 발톱과 같은 모양으로 올라온다. 열매는 6~7월경에 달리고, 종자는 검은색이다.

매화노루발

이 명 풀차
학 명 *Chimaphila japonica* Miq.
과 명 노루발과
개화기 5~6월

매화노루발_새순

매화노루발_꽃봉오리

매화노루발_꽃

매화노루발_종자 결실

생육특성

우리나라 각처의 산지에 자라는 상록 다년생 초본이다. 생육 환경은 숲 속 반그늘의 토양이 비옥한 곳에서 자란다. 키는 5~10㎝이고, 잎은 두꺼운 각질을 가진 넓고 뾰족한 모양이며 가장자리에 날카로운 낮은 톱니가 있다. 꽃은 흰색으로 지름 1㎝ 정도이고 반 정도 벌어지며 원줄기 끝에서 자라는 꽃자루 끝에 1~2개가 아래를 향해 달린다. 열매는 8~9월경에 달리고 지름 5㎜ 정도이며 암술머리가 붙어 있다. 상록성이기 때문에 쉽게 이 품종을 발견할 수 있지만, 잎이 너무 작기 때문에 발견하기 어려운 품종이다. 줄기가 올라와서 꽃이 달리고 약 1달 정도 있어야 개화하는 품종이다.

매화마름

이 명 미나리마름, 미나리말
학 명 *Ranunculus kazusensis* Makino
과 명 미나리아재비과
개화기 4~5월

매화마름_새순

매화마름_꽃

매화마름_시드는 모습

매화마름_종자 결실

생육특성

우리나라 각처의 늪이나 연못에서 자라는 다년생 수초이다. 생육 환경은 수심이 낮고 물 흐름이 빠르지 않으며 햇볕이 잘 드는 곳에서 자란다. 키는 약 50㎝ 정도이고, 잎은 마주나고 짧은 잎집 위에 잔털이 돋은 짧은 잎자루가 있고 3~4회 갈라져서 실 같이 낱낱이 찢어진다. 줄기는 속이 비어 있고 마디에서 뿌리가 내린다. 어긋난 꽃줄기는 길이 3~7㎝로 물 위로 올라와서 끝부분에 1개의 잎과 지름 약 1㎝ 정도의 흰색 꽃이 달린다. 열매는 7~8월경에 둥글게 달리며 길이 약 0.2㎝ 정도로 긴 털이 있다.

머위

이 명 머구
학 명 *Petasites japonicus* (Siebold & Zucc.) Maxim
과 명 국화과
개화기 3~4월

머위_잎

머위_꽃

머위_꽃대 큰 모습

머위_꽃 시든 모습

생육특성

우리나라 각처 산지의 습기가 많은 곳이나 집 주변에서 재배하는 다년생 초본이다. 생육 환경은 반그늘 혹은 양지의 습기가 많은 곳에서 자란다. 키는 5~45㎝이고, 잎은 지름 15~30㎝로 표면에 구부러진 털이 있으나 자라면서 없어지고 가장자리에 불규칙한 치아 모양의 톱니가 있으며 심장형이고 둥글다. 꽃은 지름 0.7~1㎝로 여러 개가 뭉쳐서 달리고 포가 밑부분을 둘러싸고 있다. 열매는 6월경에 달리며 길이 약 0.3㎝, 지름 0.5㎜ 정도이고 원통형이며 흰색 갓털이 달린다. 잎자루와 어린순은 식용으로 이용된다.

모데미풀

이 명 운봉금매화, 금매화아재비
학 명 *Megaleranthis saniculifolia* Ohwi
과 명 미나리아재비과
개화기 5월

모데미풀_꽃봉오리

모데미풀_꽃

모데미풀_지는 과정

모데미풀_종자 결실

생육특성

우리나라 지리산 이북 높은 산에 자라는 다년생 초본이다. 생육 환경은 상대습도가 높은 곳이나 습도가 높은 곳에서 잘 자란다. 키는 20~40㎝ 정도이며, 잎은 긴 잎자루에서 3개로 갈라지며, 잎자루는 짧고 2~3개로 깊게 갈라진 다음 톱니가 생기거나 다시 2~3개로 갈라지며 양면에 털이 없고 톱니 끝이 뾰족하다. 꽃은 흰색으로 지름 2㎝ 정도이며 꽃줄기가 1개 나와 상층부에 1개 달리고 길이 5㎜ 정도이다. 열매는 7월경에 달리고 길이 약 1.2㎝이다. 습기를 좋아하는 식물이기 때문에 습기가 많은 곳에 심어 두면 좋은 꽃을 얻을 수 있다. 지리산 남원 운봉에서 처음으로 발견되었다고 하여 그곳 지명인 '모데기'를 따서 모데미풀이라 이름 지었다고도 한다.

물솜방망이

이 명 물방망이, 솜쑥방망이, 쑥방망이
학 명 *Tephroseris pseudosonchus* (Vaniot) C. Jeffrey & Y. L. Chen
과 명 국화과
개화기 5~6월

물솜방망이_새순

물솜방망이_잎

물솜방망이_꽃

물솜방망이_종자 결실

생육특성

우리나라 지리산 및 한라산과 같은 높은 지대에서 자라는 다년생 초본이다. 키는 55~65㎝ 정도이고, 잎은 양면에 거미줄 같은 털이 있으며 가장자리가 밋밋하거나 불규칙한 톱니가 있다. 뿌리에서 생긴 잎은 꽃이 필 때까지 남아 있고 길이 8~17㎝, 너비 0.6~1.8㎝로 피침형이다. 줄기에는 거미줄 같은 털이 있다. 꽃은 꽃가지가 아래에서 위로 차례대로 달리며, 머리부분의 꽃은 7~30개 정도로 황색을 띤다. 열매는 7~8월경에 원추형으로 달린다.

미나리냉이

이 명 승마냉이, 미나리황새냉이
학 명 *Cardamine leucantha* (Tausch) O. E. Schulz
과 명 십자화과
개화기 5~7월

미나리냉이_새순

미나리냉이_잎

미나리냉이_꽃봉오리

미나리냉이_꽃

생육특성

우리나라 각처의 산골짜기에서 자라는 다년생 초본이다. 생육 환경은 그늘진 골짜기 물기가 많은 곳에서 자란다. 키는 약 50㎝ 내외이고 전체적으로 부드러운 털이 있다. 잎은 길이 약 15㎝ 정도이고, 5~7장의 작은 잎으로 된 새의 깃 모양이며 가장자리에 불규칙한 톱니가 있다. 꽃은 흰색으로 지름 0.5~0.8㎝이고 작은 꽃들이 원줄기 끝과 가지 끝에 뭉쳐 달린다. 열매는 8~9월경에 달리고 길이 2~3㎝, 너비 1~1.5㎜이며 옆으로 약간 퍼진다. 종자는 암갈색이고 난형으로 길이 2㎜가량이다.

미나리아재비

이 명 놋동이, 자래초, 바구지, 참바구지
학 명 *Ranunculus japonicus* Thunb.
과 명 미나리아재비과
개화기 6~7월

미나리아재비_꽃망울

미나리아재비_꽃봉오리

미나리아재비_꽃

미나리아재비_종자 결실

생육특성

우리나라 산이나 들에서 자라는 다년생 초본이다. 생육 환경은 햇볕이 잘 드는 곳의 약간 건조한 땅에서 자란다. 키는 50~70㎝이고, 잎은 길이 2.5~7㎝, 너비 3~10㎝로 뭉쳐나고, 잎자루는 길고 오각상 둥근 심장형으로 3개로 갈라지고 가장자리에는 톱니가 없다. 꽃은 짙은 노란색으로 줄기 끝에 여러 송이가 붙어서 핀다. 열매는 8~9월경에 길이 2~2.5㎜ 정도로 달리고 약간 편평하며 끝에 짧은 돌기가 있다. 꽃은 노린색이 마치 '유화'에 사용하는 물감처럼 광택이 많이 나서 쉽게 알 수 있다.

미치광이풀

이 명 미치광이, 미친풀, 광대작약, 초우성, 낭탕, 독뿌리풀
학 명 *Scopolia japonica* Maxim.
과 명 가지과
개화기 4~5월

미치광이풀_새순

미치광이풀_잎

미치광이풀_꽃

미치광이풀_종자 결실

생육특성

우리나라 각처의 깊은 산 숲에서 자라는 다년생 초본이다. 생육 환경은 배수가 잘 되는 곳을 좋아해 주로 돌이 많은 반그늘 혹은 양지에서 자란다. 키는 30~60㎝ 정도이며, 잎은 길이 10~20㎝, 너비 3~7㎝로 마주나며 잎자루가 있고 타원상 난형이며 양 끝이 좁고 연하다. 꽃은 검은 자주색으로 잎 중간에 1개씩 펴서 아래로 향하며, 작은 꽃줄기는 길이 3~5㎝ 정도이다. 열매는 7~8월경에 달리고 지름 1㎝ 정도의 원형이고, 종자는 지름 약 2.5㎜ 정도이며 그물무늬가 있다.

민대극

이 명 붉은대극
학 명 *Euphorbia ebracteolata* Hayata
과 명 대극과
개화기 5~6월

민대극_줄기 갈라지는 모습

민대극_꽃봉오리

민대극_꽃

민대극_꽃(암술)

생육특성

우리나라 각처의 산지에서 자라는 다년생 초본이다. 생육 환경은 햇볕이 잘 드는 양지바른 곳의 유기질 함량이 많고 물 빠짐이 좋은 곳에서 자란다. 키는 40~50㎝이고, 잎은 뿌리에서 나온 것은 긴 타원형이고 길이 9~10㎝, 너비 약 1.5㎝이며 어긋나고, 어릴 때 잎은 붉은색을 띤다. 뿌리는 직근성으로 아래로 뻗어 내려가고 퉁퉁하며 잔가지가 옆으로 뻗어 나간다. 꽃은 연녹색으로 줄기 끝의 잎겨드랑이에서 측지가 나와 달린다. 열매는 5~6월경에 위에서 아래로 벌어지는 형태로 달리며 안에는 많은 종자가 들어 있다. 뿌리를 자르면 황색의 유액이 많이 흘러나온다. 이 황색 유액이 묻으면 바로 손을 씻어야 하는데, 이는 이 식물이 가진 강한 맹독성 때문이다. 관상용으로 쓰이며, 뿌리는 약용으로 쓰인다.

민둥뫼제비꽃

이 명 성긴털제비꽃, 조선씨름꽃, 양지오랑캐, 양지제비꽃, 거친털제비꽃, 민둥메제비꽃
학 명 *Viola tokubuchiana* var. *takedana* (Makino) F. Maek
과 명 제비꽃과
개화기 4~5월

민둥뫼제비꽃_새순

민둥뫼제비꽃_꽃봉오리

민둥뫼제비꽃_꽃(측면)

민둥뫼제비꽃_꽃(정면)

생육특성

우리나라 경기도 광릉과 지리산 일대에서 자라는 다년생 초본이다. 생육 환경은 양지 혹은 반음지의 물 빠짐이 좋은 곳에 자란다. 키는 5~8㎝이고, 잎은 길이 3~6㎝, 너비 2~4.5㎝로 표면은 녹색이고 뒷면은 대개 자줏빛이 돌며 삼각상 난형이다. 꽃은 연한 홍자색이고 길이 0.5~0.7㎝로 중앙에 2개의 포가 달리고, 꽃줄기에 자주색 반점이 있는 것도 있다. 열매는 6~7월경에 타원형으로 달린다. 잎에 줄이 있는 것은 줄민둥뫼제비꽃(*Viola tokubuchiana* var. *takedana* for. *variegata* F. Maek)이라 한다.

민들레

이 명 안질방이
학 명 *Taraxacum platycarpum* Dahlst.
과 명 국화과
개화기 4~5월

민들레_꽃봉오리와 꽃

민들레_시든 모습

민들레_자생 민들레

민들레_종자 결실

생육특성

우리나라 각처의 산과 들에 흔히 자라는 다년생 초본이다. 생육 환경은 반그늘이나 양지에 무관하고 토양의 비옥도에 관계없이 자란다. 키는 10~30㎝이고, 잎은 길이 20~30㎝, 너비 2.5~5㎝이고 뿌리에서 나와 옆으로 퍼지며 뾰족하고, 잎몸은 깊게 갈라지고 갈래는 6~8쌍이며 가장자리에 톱니가 있다. 꽃은 노란색으로 지름 3~7㎝이고 잎과 같은 길이의 꽃줄기 위에 달린다. 열매는 6~7월경이고 검은색 종자에 은색 깃털이 붙어 있다. 서양민들레와의 차이는 꽃받침에서 알 수 있는데, 우리나라의 자생 민들레는 꽃받침이 그대로 있지만, 서양민들레(*Taraxacum officinale* Weber)의 경우는 아래로 처져 있다. 이것이 가장 구분하기 쉬운 방법이다.

민백미꽃

이 명 흰백미, 개백미, 민백미
학 명 *Cynanchum ascyrifolium* (Franch. & Sav.) Matsum
과 명 박주가리과
개화기 5~7월

민백미꽃_새순

민백미꽃_꽃봉오리

민백미꽃_꽃

민백미꽃_종자 결실

생육특성

우리나라 각처의 산과 들에서 자라는 다년생 초본이다. 생육환경은 반그늘이고 물 빠짐이 좋은 토양이 비옥한 곳에서 자란다. 키는 30~60㎝이고, 잎은 길이 8~15㎝, 너비 4~8㎝로 양면에 잔털이 있으며 타원형이고 마주난다. 꽃은 흰색이고 지름 약 2㎝로 원줄기 끝과 윗부분의 잎겨드랑이에서 나오고 펼쳐지듯 달린다. 꽃 안에는 흰색 삼각형이 5개로 갈라져 있다. 열매는 8~9월경에 달리고, 종자는 익으면 흰색 털이 달린다.

민솜대

이 명 가는잎솜죽대, 민솜때, 민지장보살
학 명 *Smilacina dahurica* Turcz. ex Fisch. & C. A. Mey.
과 명 백합과
개화기 6~7월

민솜대_잎

민솜대_무리

민솜대_꽃

생육특성

우리나라 전국의 높은 산에서 자라는 다년생 초본이다. 생육 환경은 습기가 많은 반그늘 혹은 양지에서 자란다. 키는 약 40~45㎝이고, 잎은 길이 10㎝, 너비 2.5~6㎝이고 4~6개가 두 줄로 달리며 타원형이다. 꽃은 연녹색으로 원줄기 끝에 뭉쳐서 핀다. 열매는 9~10월에 달리며 둥글고 짙은 사줏빛이 도는 홍색이다. 관상용으로 쓰이며, 어린순은 식용, 뿌리는 약용으로 쓰인다.

반디지치

이 명 억센털개지치, 깔깔이풀
학 명 *Lithospermum zollingeri* A. DC.
과 명 지치과
개화기 5~6월

반디지치_새순

반디지치_잎

반디지치_꽃봉오리

반디지치_꽃

생육특성

제주도와 영·호남 지방의 산이나 들, 건조한 풀밭 혹은 모래땅에서 자라는 다년생 초본이다. 생육 환경은 햇볕이 잘 드는 곳이나 반음지의 토양이 비옥하거나 모래 혹은 황토가 많은 땅에서 자란다. 키는 15~25㎝ 정도이고, 잎은 양면의 거센 털로 인해 껄끄러우며 마주나고 긴 타원형으로 길이 2.5~6㎝, 너비 1~2㎝이다. 원줄기에 퍼진 털이 있고 다른 부분에는 비스듬히 선 털이 있으며, 꽃이 핀 후 옆으로 뻗는 가지가 자라서 뿌리가 내리고 다음해에 싹이 돋는다. 꽃은 벽자색으로 줄기 윗부분의 잎겨드랑이에서 길이 0.5~0.6㎝ 정도로 한 송이씩 달리고, 꽃잎 중앙부에는 꽃잎보다 높게 돌출된 흰 선이 있다. 열매는 7~8월경에 달리며 흰색으로 지름 약 0.3㎝이다.

백미꽃

이 명 아마존, 백미, 털백미, 털개백미
학 명 *Cynanchum atratum* Bunge
과 명 박주가리과
개화기 5~7월

백미꽃_꽃봉오리

백미꽃_꽃

생육특성

우리나라 각처의 산지에서 나는 다년생 초본이다. 생육 환경은 토양이 비옥한 반그늘에서 자란다. 키는 약 50㎝이고, 잎은 길이 6~15㎝, 너비 3~10㎝로 타원형이며 마주난다. 꽃은 흑자색으로 꼭대기 잎겨드랑이마다 모여 달리고, 안쪽은 짙은 자주색으로서 부화관은 5개로 갈라지며 끝은 젖혀진다. 열매는 9~10월경에 달리며 길이 7~8㎝, 너비 1.5㎝로 잔털이 많으며, 종자에는 긴 흰 색 털이 달린다.

백선

이 명 자래초, 검화
학 명 *Dictamnus dasycarpus* Turcz.
과 명 운향과
개화기 5~6월

백선_새순

백선_잎

백선_꽃봉오리

백선_꽃

백선_종자 결실

생육특성

우리나라 각처의 산록에서 자라는 다년생 초본이다. 생육 환경은 반그늘 혹은 햇볕이 잘 드는 습기가 많은 곳에서 잘 자란다. 키는 60~80㎝가량이고, 잎은 깃꼴 겹잎으로 타원형이며 가장자리에는 톱니가 있고 표면에 투명한 선점이 있다. 꽃은 흰색 바탕에 엷은 홍색의 줄무늬가 있으며 줄기 끝에서 달리고 꽃자루와 포에서 강한 냄새를 내는 선점이 있다. 열매는 8월경에 달리며 갈색 껍질 안에 검고 광택이 나는 종자가 들어 있다.

야생화 가운데 좀 더 많은 연구를 한다면 충분히 절화 식물로서의 개발이 가능한 품종이라 할 만큼 꽃송이도 많이 피고 아름답다. 이채로운 것은 꽃 수술 안쪽을 유심히 살펴보면 작은 검은 돌기들로 이루어져 있는데, 이는 다른 식물에서는 찾아보기 힘든 현상 가운데 하나이다.

백양더부살이

이 명 쑥더부사리
학 명 *Orobanche filicicola* Nakai
과 명 열당과
개화기 5~6월

백양더부살이_꽃 피기 전

백양더부살이_꽃대 올라오는 모습

백양더부살이_꽃

백양더부살이_무리

생육특성

우리나라 정읍 내장산 일대에서 자라는 반기생 1년생 초본이다. 생육 환경은 쑥이 있는 곳의 풀숲에서 자란다. 키는 10~30㎝이고, 잎은 비늘조각 같은 것이 많이 붙어 있으며 길쭉한 삼각형으로 어긋나게 달리고 잔털이 빽빽이 나 있다. 꽃은 보라색 바탕에 흰 줄 무늬가 있고 통꽃이 피며 줄기 밑에서 윗부분까지 1~2㎝ 정도의 꽃들이 모여 달린다. 열매는 6월경에 갈색으로 달린다.

백작약

이 명 산작약
학 명 *Paeonia japonica* (Makino) Miyabe & Takeda
과 명 작약과
개화기 6월

백작약_새순

백작약_잎

백작약_꽃봉오리

백작약_꽃

생육특성

우리나라 각처의 산지에서 나는 다년생 초본이다. 생육 환경은 토양 비옥도가 높고 반그늘이며 물 빠짐이 좋은 곳에서 자란다. 키는 40~50cm이고, 잎은 길이 5~12cm, 너비 3~7cm로 앞면은 녹색이지만 뒷면은 흰빛이 돌며 3~4개가 어긋나게 달리고 긴 타원형이다. 꽃은 흰색이고 지름 4~5cm이며 원줄기 끝에 한 송이씩 달린다. 열매는 8월경에 길이 2~3cm 정도의 긴 타원형으로 달리고, 종자는 검은색이다.

벌깨덩굴

이 명 벌개덩굴
학 명 *Meehania urticifolia* (Miq.) Makino
과 명 꿀풀과
개화기 5월

벌깨덩굴_새순

벌깨덩굴_잎

벌깨덩굴_꽃봉오리

벌깨덩굴_꽃

생육특성

우리나라 각처의 산지에서 자라는 다년생 초본이다. 생육 환경은 숲 속의 약간 습기가 있는 그늘진 곳에서 자란다. 길이 15~30㎝가량이며, 줄기는 사각형이다. 잎은 길이 2~5㎝, 너비 2~3.5㎝이고 신장형으로 약간 세모지며 가장자리에 둔한 톱니가 있다. 꽃은 보라색으로 4~8송이 정도가 윗부분과 줄기의 위쪽 잎 사이에서 커다란 입술 모양으로 한쪽을 향하여 핀다. 열매는 7~8월경에 달걀 모양으로 달린다.

꽃이 피어 있을 때는 위로 곧게 자라지만, 꽃이 지고 종자가 결실되기 시작하면 덩굴처럼 다른 식물을 감고 있는데, 이는 처음 모습과는 확연히 다른 모습이다. 그래서 철 지난 후 사생시에 가면 원래의 모습은 없고 덩굴만 있어 다른 식물로 오인하는 경우가 왕왕 있다.

벌노랑이

학 명 *Lotus corniculatus* var. *japonica* Regel
과 명 콩과
개화기 5~8월

벌노랑이_꽃봉오리

벌노랑이_꽃

벌노랑이_종자 결실

벌노랑이_시든 모습

생육특성

우리나라 중부 이남의 숲이나 풀밭에서 나는 다년생 초본이다. 생육 환경은 반그늘 혹은 양지에서 자란다. 키는 약 30㎝이고, 잎은 길이 0.7~1.5㎝로 5개의 작은 잎으로 되어 있다. 꽃은 황색으로 길이 약 1.5㎝이고 잎겨드랑이의 꽃자루 끝에 달린다. 열매는 8~9월경에 달리고, 종자는 검은색이다.

변산바람꽃

학 명 *Eranthis byunsanensis* B. Y. Sun
과 명 미나리아재비과
개화기 3월

변산바람꽃_새순

변산바람꽃_잎

변산바람꽃_꽃봉오리

변산바람꽃_꽃

생육특성

우리나라 한라산, 지리산, 마이산과 변산 지방의 낙엽수림 가장자리에 자라는 다년생 초본이다. 생육 환경은 습한 지역과 반그늘 또는 양지에서 자란다. 키는 5~8㎝가량이고, 잎은 길이와 너비 약 3~5㎝이고 다섯 갈래의 둥근 모양이며 새의 깃처럼 갈라진다. 꽃은 지름 10㎝가량이고, 꽃자루는 길이 약 1㎝이며 흰색에 가운데 암술과 연녹색과 노란색이 있는 꽃이 있다. 열매는 4~5월경 갈색으로 달리고, 씨방에는 검고 광택이 나는 종사가 많이 들어 있다. 이른 봄 남해안과 서해안 지역을 중심으로 피기 시작하며, 복수초와 함께 대표적인 봄을 알리는 꽃이다. 최근에는 일부 내륙지방에서도 발견되고 있다는 보고는 있지만 개체수가 적다.

별꽃

학 명 *Stellaria media* (L.) Vill
과 명 석죽과
개화기 5~6월

별꽃_꽃과 꽃봉오리

별꽃_꽃

별꽃_씨가 맺힌 모습

별꽃_씨가 맺힌 모습(확대)

생육특성

우리나라 각처의 밭이나 길가에서 나는 2년생 초본이다. 생육환경은 양지 혹은 반그늘 어디서나 잘 자란다. 키는 10~20㎝이고, 잎은 길이 1~2㎝, 너비 0.8~1.5㎝로 양면에 털이 없고 하반부 가장자리에 털이 약간 있는 것도 있으며 난형이고 마주난다. 꽃은 흰색이며, 작은 꽃줄기는 길이 0.5~4㎝로 한쪽에 털이 있으며 꽃이 핀 다음 밑으로 처졌다가 열매가 익으면 다시 위로 향한다. 열매는 8~9월경에 달린다.

보춘화

이 명 춘란, 보춘란
학 명 *Cymbidium goeringii* (Rchb.f.) Rchb.f
과 명 난초과
개화기 3~4월

보춘화_잎 올라오는 모습

보춘화_꽃

보춘화_잎

보춘화_종자 결실

생육특성

우리나라 남부와 중남부 해안의 삼림 내에서 자라는 다년생 초본이다. 생육 환경은 자생하는 소나무가 많은 곳에서 집단적으로 자라며, 최근에는 내륙에서도 많은 자생지가 관찰된다. 꽃대 길이 10~25㎝, 잎 길이 20~50㎝ 정도이고, 잎은 끝이 뾰족하고 가장자리에 미세한 톱니가 있으며 가죽처럼 질기며 진녹색이 나고 길이 20~50㎝, 너비 0.6~1㎝로 뿌리에서 나온다. 꽃은 흰색 바탕에 짙은 홍자색 반점이 있으며 안쪽은 울퉁불퉁하고 중앙에 홈이 있으며 끝이 3개로 갈라지고 길이 3~3.5㎝ 가량이며 연한 황녹색이다. 꽃은 뿌리 하나에 꽃이 하나씩 달리는 1경 1화이다. 열매는 6~7월경에 길이 약 5㎝ 정도로 달리고 안에는 먼지와 같은 종자가 무수히 많이 들어 있다.

보춘화는 생육 환경 및 조건에 따라 잎과 꽃의 변이가 많이 일어나는 품종이다.

복수초

이 명 가지복수초, 가지복소초, 눈색이속, 복풀(중)
학 명 *Adonis amurensis* Regel & Radde
과 명 미나리아재비과
개화기 4~5월

복수초_새순

복수초_잎

복수초_꽃봉오리

복수초_꽃(오후 꽃잎 다문 모습)

생육특성

우리나라 각처의 숲 속에서 자라는 다년생 초본이다. 생육 환경은 햇볕이 잘 드는 양지와 습기가 약간 있는 곳에서 자란다. 키는 10~15㎝이고, 잎은 3갈래로 갈라지며 끝이 둔하고 털이 없다. 꽃대가 올라와 꽃이 피면 꽃 뒤쪽으로 잎이 전개되기 시작한다. 꽃은 지름 4~6㎝이고 줄기 끝에 한 송이가 달리고 노란색이다. 열매는 6~7월경에 별사탕처럼 울퉁불퉁하게 달린다. 우리나라에는 최근 3종류가 보고되었는데, 제주도에서 자라는 세복수초와 개복수초 및 복수초이다. 여름이 되면 하고현상(고온이 되면 고사하는 현상)이 일어나 지상부가 없어지는 품종이다.

복주머니란

이 명 복주머니꽃, 개불알꽃, 요강꽃, 작란화, 포대작란화, 복주머니
학 명 *Cypripedium macranthum* Sw.
과 명 난초과
개화기 5~6월

복주머니란_꽃

복주머니란_줄기와 꽃

복주머니란_무리

복주머니란_꽃봉오리

생육특성

우리나라 각처의 산지에서 자라는 다년생 초본이다. 생육 환경은 숲 속의 반그늘이나 양지의 낙엽수 아래에서 자란다. 키는 30~50㎝가량이고, 잎은 3~4장이 나며 길이 15~27㎝, 너비 11~17㎝이다. 꽃은 붉은색 또는 백두산에서는 흰색으로 피며 항아리 모양이고, 위에 1개, 옆에 2개의 잎이 달린다. 열매는 7~8월경에 달린다. '개불알란'이라는 이름으로 처음에는 소개되었는데, 이는 자생지 근처에 가면 마치 소변 냄새와 같은 것이 진동을 하기 때문에 붙여진 이름이다.

봄구슬붕이

이 명 긴구실봉이, 봄구실봉이
학 명 *Gentiana thunbergii* (G. Don) Griseb.
과 명 용담과
개화기 4~5월

봄구슬붕이_꽃

봄구슬붕이_전초

생육특성

우리나라 각처의 산과 들에서 자라는 2년생 초본이다. 생육환경은 비탈지고 양지바른 곳의 비옥한 토양에서 자란다. 키는 5~15㎝이고, 뿌리에서 생긴 잎은 길이 1~3㎝, 너비 0.7~3㎝가량이고 질기며, 줄기에서 생긴 잎은 길이 0.5~1.2㎝, 너비 0.2~0.8㎝로 밑이 합쳐져 짧은 잎집으로 된다. 꽃은 가지 끝에 연한 자주색으로 한 송이씩 달리며 길이 2.5~3.5㎝ 정도이고, 꽃받침통은 길이 0.8~1㎝로 5개의 능선이 있고 5개로 갈라지며 끝이 뾰족하다. 열매는 6~7월경에 꽃부리 밖으로 나와 2개로 갈라진다.

봄맞이

이 명 봄맞이꽃, 봄마지꽃
학 명 *Androsace umbellata* (Lour.) Merr.
과 명 앵초과
개화기 4~5월

봄맞이_꽃봉오리

봄맞이_꽃

봄맞이_뒷모습

봄맞이_종자 결실

생육특성

우리나라 각처의 들에 자라는 2년생 초본이다. 생육 환경은 햇볕이 좋은 곳 건조한 땅에서 자란다. 키는 10㎝ 내외이고, 잎은 길이 0.4~1.5㎝이고 심장형으로 연한 녹색이며 가장자리에는 둔한 이 모양의 톱니가 있다. 꽃은 흰색으로 가운데는 노란색이 있으며 5갈래로 갈라지고 꽃줄기 끝에 약 4~10송이가 달린다. 열매는 7~8월경에 둥글게 달린다.

붉은벌깨덩굴

학 명 *Meehania urticifolia* f. *rubra* T. B. Lee
과 명 꿀풀과
개화기 5월

붉은벌깨덩굴_개화 전

붉은벌깨덩굴_잎

붉은벌깨덩굴_쓰러지는 모습

붉은벌깨덩굴_종자 결실

생육특성

우리나라 각처의 산지에서 자라는 다년생 초본이다. 생육 환경은 숲 속의 약간 습기가 있는 그늘진 곳에서 자란다. 길이 15~30㎝가량이며, 줄기는 사각형이다. 잎은 길이 2~5㎝, 너비 2~3.5㎝이고 신장형으로 약간 세모지며 가장자리에 둔한 톱니가 있다. 꽃은 붉은색으로 4~8송이 정도가 윗부분과 줄기의 위쪽 잎 사이에서 커다란 입술모양으로 한쪽을 향하여 핀다. 열매는 7~8월경에 달걀 모양으로 달린다.

붉은참반디

이 명 붉은참바디, 붉은참반듸
학 명 *Sanicula rubriflora* F. Schmidt ex Maxim.
과 명 산형과
개화기 5~6월

붉은참반디_새순

붉은참반디_잎

붉은참반디_꽃봉오리

붉은참반디_꽃

생육특성

우리나라 각처의 산지 깊은 숲에서 자라는 다년생 초본이다. 생육 환경은 주변 습기가 많거나 물이 많이 고이지 않는 곳의 부엽질이 풍부한 곳에서 자란다. 키는 20~50㎝ 정도이고, 뿌리에서 나온 잎은 둥근 신장형으로 양쪽이 잘게 갈라지고 다시 2개로 갈라지며 지름 6~20㎝이고, 줄기에서 나온 잎은 2개가 어긋나고 다시 3갈래로 갈라진다. 꽃은 줄기 끝에 흑자색으로 촘촘히 달리고, 수꽃은 15개 정도로 길이 약 0.2㎝이며 꽃받침보다 1~2배 길고, 수술과 암술이 같이 있는 꽃은 4~7개이고 수정한 뒤 씨로 되는 부분에는 갈고리 털이 있다. 열매는 6~7월경에 길이 약 0.2㎝가량의 가시가 비스듬히 달린다.

붓꽃

학 명 *Iris sanguinea* Donn ex Horn
과 명 붓꽃과
개화기 5~6월

붓꽃_꽃봉오리

붓꽃_꽃

붓꽃_종자 결실

붓꽃_흰색

생육특성

우리나라 각처의 산과 들에 자라는 다년생 초본이다. 생육 환경은 양지바른 곳의 습기가 많은 곳이나 메마른 땅에서 자란다. 키는 30~60㎝이고, 잎은 길이 30~50㎝, 너비 0.5~1㎝로 줄기에 2줄로 붙어 올라간다. 꽃은 자주색으로 밖으로 나가 있는 꽃잎 안쪽은 노란색과 검은 자주색 선이 있고 꽃줄기 끝에 2~3개 정도 달린다. 열매는 길이 3~4㎝로 8~9월경에 결실되며 갈색으로 끝이 갈라지고 안에 검고 광채가 나는 종자가 많이 들어 있다.

뻐꾹채

이 명 뻑국채
학 명 *Rhaponticum uniflorum* (L.) DC.
과 명 국화과
개화기 5~7월

뻐꾹채_잎

뻐꾹채_꽃

생육특성

우리나라 각처의 산과 들에서 자라는 다년생 초본이다. 생육환경은 햇볕이 잘 들고 물 빠짐이 좋은 비탈이나 산소 주변과 같이 마른 땅에서 자란다. 키는 30~70㎝ 정도이고, 잎은 흰색 털이 빽빽하며 가장자리에 불규칙한 톱니가 있다. 뿌리에서 생긴 잎은 꽃이 필 때까지 남아 있으며 길이 15~20㎝가량이고, 줄기에서 생긴 잎은 마주나고 위로 올라갈수록 점차 작아진다. 줄기는 흰색 털로 덮여 있으며 가지가 없고 곧게 자란다. 꽃은 원줄기 끝에 한 송이씩 홍자색으로 달리고, 꽃부리는 길이 약 3㎝이며 통 모양으로 이루어진 부분이 다른 부분보다 짧다. 열매는 9~10월경에 달리며 길이 2㎝가량의 관모가 여러 줄이 있으며 긴 타원형이다.

우리나라는 5월이 가정의 달과 감사의 달로 많은 행사가 있는데, 카네이션 대신에 어버이날과 스승의 날에 뻐꾹채를 달게 하자는 운동이 한 때 있었다. 이때는 우리나라의 야생화가 주목을 받지 못한 상태였지만 이제는 그 분위기가 많이 올라온 상태이고 야생화에 대한 이해가 높기 때문에 다시 '뻐꾹채의 바람'이 시작되었으면 한다.

산골무꽃

이 명 각씨골무꽃, 광릉골무꽃, 그늘골무꽃
학 명 *Scutellaria pekinensis* var. *transitra* (Makino) Hara
과 명 꿀풀과
개화기 5~6월

산골무꽃_꽃

산골무꽃_잎

생육특성

우리나라 각처의 산지 숲 속에서 자라는 다년생 초본이다. 생육 환경은 토양의 유기질 함량이 높고 햇볕이 잘 드는 양지 혹은 반양지에서 잘 자란다. 키는 15~30㎝가량이고, 잎은 양면에 털이 있고 가장자리에 톱니가 있으며 길이 2~4㎝, 너비 1.5~2.5㎝로 어긋난다. 꽃은 줄기 윗부분에 1개씩 달려 모두 한쪽 방향을 향한다. 화서는 길이 3~6㎝이고 입술 모양으로 끝이 갈라지는데, 윗입술 모양은 아랫입술 모양 길이의 1/2 정도이며, 아랫입술은 3갈래로 갈라지고 연한 자주색으로 달린다. 열매는 7~8월경에 달리며 둥근 통과 같은 곳 안에 종자가 들어 있다.

산괭이눈

이 명 괭이눈
학 명 *Chrysosplenium japonicum* (Maxim.) Makino
과 명 범의귀과
개화기 4~5월

산괭이눈_새순

산괭이눈_꽃 피기 전

산괭이눈_꽃

산괭이눈_무리

생육특성

우리나라 중북부 이북에서 자라는 다년생 초본이다. 생육 환경은 주로 응달이나 고목 주변에서 자란다. 키는 약 10~15㎝ 정도이며, 잎은 길이 0.5~2㎝, 너비 0.8~2.5㎝이고 둥근 모양의 심장형이다. 꽃은 지름 약 1~2㎝ 내외이고 연한 녹색에 가운데는 노란색으로 상단부에서만 꽃이 뭉쳐 달린다. 꽃이 필 때 주변의 녹색 잎들은 매개충을 모으기 위해 꽃처럼 노란색으로 변하고 종자를 맺으면 다시 녹색으로 돌아온다. 열매는 6~7월경에 달리고 넓은 난형이다. 잎 주변의 줄기에는 잔털이 나 있다. 다른 괭이눈 종류들이 대부분 개울이나 습지에서 자라는 반면, 산괭이눈은 약간 마른 땅에서 자라는 특성이 있다.

산괴불주머니

이 명 암괴불주머니
학 명 *Corydalis speciosa* Maxim.
과 명 현호색과
개화기 4~6월

산괴불주머니_새순

산괴불주머니_꽃

산괴불주머니_꽃봉오리

산괴불주머니_잎

생육특성

우리나라 각처의 산이나 들에서 자라는 2년생 초본이다. 생육 환경은 습기가 많은 반그늘에서 자란다. 키는 약 40㎝이고, 잎은 길이 10~15㎝이고 깃꼴 겹잎으로 끝은 뾰족하다. 꽃은 노란색으로 줄기를 따라 올라가며 달린다. 줄기는 속이 비어 있다. 열매는 7~8월경에 배 모양으로 달리고, 종자는 검은색으로 작다. 당년에 떨어진 종자는 가을에 발아하며, 겨울이 되면 잎이 고사하고 이듬해에 꽃을 피운다.

산마늘

이 명 망부추, 멩이풀, 서수레, 얼룩산마늘, 명이나물
학 명 *Allium microdictyon* Prokh
과 명 백합과
개화기 5~7월

산마늘_새순

산마늘_잎

산마늘_꽃봉오리

산마늘_꽃

생육특성

우리나라 지리산, 설악산, 울릉도의 숲 속이나 북부에서 자라는 다년생 초본이다. 생육 환경은 토양의 부엽질이 풍부하고 약간의 습기가 있는 반그늘에서 자란다. 키는 25~40㎝이고, 잎은 2~3장이 줄기 밑에 붙어서 난다. 잎은 약간 흰빛을 띤 녹색으로, 길이 20~30㎝, 너비 3~10㎝가량이다. 꽃은 줄기 싹대기에서 흰색으로 뭉쳐서 피며 둥글다. 보통의 마늘과 다른 점은 산마늘의 경우 잎을 주 식용 부위로 하고 전체에서 마늘 냄새가 나는 것이다. 뿌리는 한 줄기로 되어 있기 때문에 다른 마늘과도 쉽게 구분이 가능하다.

산민들레

이 명 노랑민들레
학 명 *Taraxacum ohwianum* Kitam.
과 명 국화과
개화기 5~6월

산민들레_잎

산민들레_개화 전

산민들레_꽃

산민들레_종자 결실

생육특성

우리나라 전국의 약간 습한 산지에서 나는 다년생 초본이다. 생육 환경은 주변 습도가 높거나 물 빠짐이 좋지 않은 곳에서 자란다. 키는 10~20㎝가량이고, 잎은 뿌리에서 나와 사방으로 퍼지며 양면에 털이 있으며 가장자리가 밑을 향해 4~5쌍으로 갈라지고 길이 9~20㎝, 너비 2~5㎝이다. 꽃은 황색으로 핀 다음 꽃줄기가 더 길어지며 꽃 밑에는 촘촘한 털이 있다. 열매는 6~7월경에 달리며 길이 약 0.3㎝, 지름 약 0.1㎝로 갈색이 도는 긴 타원형이다.

산솜다리

이 명 참솜다리
학 명 *Leontopodium leiolepis* Nakai
과 명 국화과
개화기 5~6월

산솜다리_새순

산솜다리_잎

산솜다리_꽃

산솜다리_무리

생육특성

우리나라 북부의 깊은 산에서 자라는 다년생 초본으로 우리나라 특산식물이다. 생육 환경은 주변 습도가 높은 곳으로 안개가 많은 곳과 온도 차가 많으며 햇볕이 잘 들지 않는 음지 바위틈에서 살 사란나. 키는 7~22㎝ 정도이고, 잎은 앙면은 회백색이고 다소 누른빛이 돌며 면모와 짧은 털이 있고, 뿌리에서 생긴 잎은 길이 2.5~4㎝, 너비 약 0.5㎝로 개화 후에도 그대로 남아 있다. 꽃은 줄기 끝에서 피고 회백색 털이 빽빽하며 연한 황색이다. 열매는 10월경에 긴 타원형으로 달린다.

산자고

이 명 물구, 물곳, 까치무릇
학 명 *Tulipa edulis* (Miq.) Baker
과 명 백합과
개화기 4~5월

산자고_새순

산자고_잎

산자고_꽃봉오리

산자고_꽃

생육특성

우리나라 중부 이남의 산과 들에 자라는 다년생 초본이다. 생육 환경은 양지의 토양이 비옥한 곳에서 자란다. 키는 약 20㎝이고, 잎은 회녹색으로 길이 15~30㎝, 너비 0.4~0.5㎝이고 2장이 뿌리에서 나오며 끝이 날카롭다. 꽃은 흰색으로 지름 1㎝ 내외이고 넓은 종 모양이며 줄기 끝에 한 송이가 달리고, 꽃잎 뒷부분은 자주색 선이 선명하고 개화하기 전에는 붉은색 계통이 많이 들어 있다. 열매는 7~8월경에 삼각형으로 달린다. 일반적으로 다른 꽃들은 곧추서서 자라지만, 산자고는 대체적으로 비스듬히 옆으로 누워 있는 모습이다.

삼지구엽초

이 명 음양곽
학 명 *Epimedium koreanum* Nakai
과 명 매자나무과
개화기 4~5월

삼지구엽초_잎

삼지구엽초_꽃

생육특성

우리나라 중북부 이북 지방에 주로 자생하는 다년초이며, 지리산 일대에서도 많지 않지만 드문드문 개체가 발견되기도 한다. 생육 환경은 비교적 온도가 낮은 고산지역을 좋아하며, 부엽질이 풍부한 토양에서 잘 자란다. 키는 약 30㎝이고, 잎은 길이 5~13.5㎝, 너비 1.5~7.2㎝ 정도이며 가장자리에 잔톱니가 규칙적으로 배열되어 있고 원줄기에 1~2개의 잎이 어긋나고 3개씩 2회 갈라진다. 꽃은 황백색으로 지름 2㎝ 내외이며 긴 꽃자루에서 약간 아래를 보면서 갈라진 형태로 핀다. 열매는 8월경에 길이 1.0~1,3㎝, 지름 0.5~0.6㎝로 길고 딱딱하게 달린다.

원가지에서 가지가 3갈래로 갈라지고 다시 3갈래로 갈라져 '삼지구엽'이라 하는데, 잎이 어렸을 때는 마치 '꿩의다리'와 '승마' 같은 종들과 유사하게 닮았기 때문에 혼동하는 경우가 많다. 하지만 삼지구엽초의 경우는 잎이 심장형(하트모양)이고 끝에 톱니와 같은 결각이 있기 때문에 쉽게 구분이 가능하다.

삿갓나물

이 명 삿갓풀, 자주삿갓나물, 자루삿갓풀
학 명 *Paris verticillata* M. Bieb.
과 명 백합과
개화기 6~7월

삿갓나물_새순

삿갓나물_꽃

삿갓나물_꽃봉오리

삿갓나물_꽃대 올라오는 모습

삿갓나물_종자

생육특성

우리나라 전역의 산에서 자라는 다년생 초본이다. 생육 환경은 반그늘을 좋아하며 토양에 수분이 많은 곳에서 잘 자란다. 키는 30~50㎝이고, 잎은 길이 3~10㎝, 너비 1.5~4㎝로 뾰족하며 좁고 긴 타원형이다. 꽃은 둥글게 피며 녹색이고 한가운데는 노란색이며, 잎 중앙에서 한 개의 꽃자루가 길게 나와 한 송이의 꽃이 하늘을 향해 핀다. 수술은 8~10개로 길이 0.5~0.7㎝, 꽃밥은 길이 0.5~0.8㎜이며, 씨방은 검은 자갈색이다. 열매는 9~10월경에 달리고 둥글며 자흑색이다.

농촌에서는 삿갓나물을 '우산나물'이라고도 부르는데, 우산나물은 식용이지만 삿갓나물은 독성이 많기 때문에 식용을 해서는 안 되는 품종이다. 우산나물과의 차이점은, 우산나물의 잎 끝은 'V자'모양으로 갈라져 있지만 삿갓나물은 본잎에서 갈라질 뿐 1장의 잎이 길게 나와 있는 것이다.

새끼노루귀

이 명 애기노루귀
학 명 *Hepatica insularis* Nakai
과 명 미나리아재비과
개화기 5월

새끼노루귀_새순

새끼노루귀_잎

새끼노루귀_꽃

새끼노루귀_오후 꽃잎 다문 모습

생육특성

전국의 깊은 산에 자라는 다년생 초본이다. 생육 환경은 양지바른 곳의 비옥한 토질에서 잘 자란다. 키는 7~15㎝이고, 잎은 길이 1~2㎝, 너비 2~4㎝로 심장형이고 모두 뿌리 부분에서 나오고 표면은 짙은 녹색에 흰색 무늬가 있으며 양면에 털이 있다. 꽃은 흰색이며 잎이 나오기 전에 피고 길이가 긴 것은 7㎝ 정도로 털이 있고 줄기 끝에 한 송이가 위를 향해 핀다. 열매는 6~7월경에 긴 난형 또는 송곳 모양으로 뾰족하게 달리고, 종자는 껍질 속에 들어 있다.

새우난초

이 명 새우란
학 명 *Calanthe discolor* Lindl.
과 명 난초과
개화기 4~5월

새우난초_새순

새우난초_꽃봉오리

새우난초_꽃

금새우난초_꽃과 줄기

생육특성

우리나라 남도 지방에서 자라는 다년생 초본이다. 생육 환경은 날씨가 따뜻한 반그늘에서 자란다. 키는 30~50㎝이고, 잎은 길이 15~25㎝, 너비 4~6㎝이며 잎 밑이 날카롭고 끝은 날카로우며 세로로 주름져 겹쳐 있다. 이년생으로, 첫해에는 2~3개의 잎이 자라지만 이듬해에는 옆으로 늘어진다. 꽃은 꽃받침과 곁꽃잎은 붉은색이 도는 갈색이고, 입술꽃잎은 자줏빛을 띤 흰색으로 10여 개의 꽃이 길이 15㎝ 정도의 꽃줄기에 걸쳐 윗부분에 뭉쳐 달린다. 잎 사이에서 꽃대가 나타나고 짧은 털이 있으며 1~2개의 비늘 같은 잎이 달린다. 뿌리 부분은 포복성으로 마디가 많고 수염뿌리이다. 열매는 7~8월경에 긴 타원형으로 달리고 안에는 작은 종자들이 많이 들어 있다.

서양민들레

이 명 양민들레, 포공영
학 명 *Taraxacum officinale* Weber
과 명 국화과
개화기 3~9월

서양민들레_꽃 피기 전

서양민들레_홀씨

서양민들레_잎

서양민들레_꽃

생육특성

유럽 원산으로, 우리나라 각처의 들과 풀숲에서 자라는 다년생 초본이다. 생육 환경은 길가나 들판 양지바른 곳이면 어디서나 자란다. 키는 10~25㎝이고, 잎은 밑부분이 좁고 양면에 털이 없으며 가장자리가 밑을 향해 새의 깃 모양으로 갈라지고 타원형으로 땅에서 여러 군데로 퍼진다. 꽃은 황색이며 지름 2~5㎝로 잎이 없는 꽃줄기 끝에 1개씩 위를 향해 달린다. 열매는 6월 이후에 계속 달린다.

선괭이밥

이 명 왕시금초, 왕괭이밥, 왕괭이밥풀, 왜선괭이밥, 곧은괭이밥풀, 작은선괭이밥풀
학 명 *Oxalis stricta* L.
과 명 괭이밥과
개화기 7~8월

선괭이밥_꽃

선괭이밥_새순

선괭이밥_시드는 모습

선괭이밥_종자 결실

생육특성

전국 각처의 들에 자생하는 다년생 초본이다. 생육 환경은 양지바른 곳에서 자란다. 키는 30~40㎝이고 전체에 털이 나고, 줄기는 곧게 서고 가지는 많이 갈라지며, 잎은 어긋나고 작은 잎은 3갈래로 갈라지고 끝이 오목하게 들어가며 가장자리에 작은 섬모가 있다. 꽃은 노란색이며 작고 여러 송이씩 달린다. 열매는 9월경에 긴 둥근형으로 달린다.

선밀나물

이 명 새밀
학 명 *Smilax nipponica* Miq
과 명 백합과
개화기 5~6월

선밀나물_새순

선밀나물_잎

선밀나물_꽃봉오리

선밀나물_암꽃

생육특성

우리나라 각처의 산과 들에서 자라는 다년생 초본이다. 생육환경은 반그늘 혹은 양지에서 자란다. 키는 1m 정도이고, 잎은 길이 5~15㎝, 너비 2.7~7㎝로 표면은 녹색이고 뒷면은 분백색이며 넓은 디원형으로 어긋난다. 꽃은 황녹색이고 밑부분의 잎겨드랑이에서 길이 4~10㎝ 정도의 꽃줄기가 나온다. 수꽃은 길이 0.4㎝ 정도로 옆으로 퍼지며 잎겨드랑이에 여러 개가 날리고, 암꽃은 둥근 씨방에 붙어 있다. 열매는 7~8월경에 검은색으로 익고 백분으로 덮여 있으며 둥글게 달린다.

설앵초

이 명 눈깨풀, 분취란화, 좀분취란화, 좀설앵초, 애기눈깨풀
학 명 *Primula modesta* var. *fauriae* (Franch.) Takeda
과 명 앵초과
개화기 5~6월

설앵초_새순

설앵초_잎

설앵초_꽃봉오리

설앵초_꽃

생육특성

우리나라 전국의 깊은 산 돌 틈에서 자라는 다년생 초본이다. 생육 환경은 돌과 이끼가 있고 습기가 있는 곳에서 자란다. 키는 10~15㎝이고, 잎은 길이 약 10㎝로 뿌리에서 나오고 가장자리에는 이 모양의 톱니가 있으며 수격 모양이다. 꽃은 엷은 자주색이며 긴 통꽃으로 줄기 정상부에 10개 정도 펼쳐지며 달린다. 열매는 8월경에 익으며 길이 5~8㎜로 끝이 5개로 갈라진다.

세잎양지꽃

이 명 털양지꽃, 털세잎양지꽃, 우단양지꽃
학 명 *Potentilla freyniana* Bornm.
과 명 장미과
개화기 3~4월

세잎양지꽃_잎

세잎양지꽃_꽃대 올라오는 모습

세잎양지꽃_수술

세잎양지꽃_꽃

생육특성

우리나라 전역의 산과 들에서 자라는 다년생 초본이다. 생육환경은 토양의 조건에 관계없이 햇볕이 많이 드는 곳에서 자란다. 키는 15~30㎝이고, 잎은 길이 2~5㎝, 너비 1~3㎝이고 긴 타원형 또는 난형으로 표면은 녹색이고 뒷면은 맥 위에 잔털이 많이 나 있다. 꽃은 황색이며 지름 1~1.5㎝로 끝이 오목하게 들어가는 원형으로 달린다. 열매는 6~7월경에 연갈색으로 달리며 안에는 지름 1㎜ 정도 되는 작은 종자가 들어 있다.

속새

학 명 *Equisetum hyemale* L.
과 명 속새과
개화기 상록

속새_마디

속새_줄기

속새_전초

속새_꽃

생육특성

우리나라 제주도와 강원도 이북의 산지에서 자라는 상록 다년생 초본이다. 생육 환경은 물 빠짐이 좋지 않은 습지의 햇볕이 잘 들지 않고 부엽질이 풍부한 곳에서 자란다. 키는 30~60㎝이고, 잎은 퇴화된 비늘 같은 잎이 서로 붙어 마디 부분을 완전히 둘러싸서 잎집이 되며 끝이 톱니 모양이고 각 능선과 교대로 달린다. 땅속줄기에서 여러 줄기가 나와 모여 있는 것처럼 보이고 짙은 녹색으로 가지가 없고 마디와 마디 사이에는 10~18개의 능선이 있다. 포자낭은 길이 0.6~1㎝로 원줄기 끝에 달리고 원추형이며 끝이 뾰족하고 처음에는 녹갈색이지만 황색으로 변한다.

원줄기의 능선에는 규산염이 축적되어 딱딱하기 때문에 나무를 가는 데 사용했으며 목적(木賊)이란 이름이 생겼다.

솜나물

이 명 부시깃나물
학 명 *Leibnitzia anandria* (L.) Turcz
과 명 국화과
개화기 4~5월

솜나물_새순

솜나물_잎

솜나물_꽃봉오리

솜나물_꽃

생육특성

우리나라 각처의 산과 들에서 자라는 다년생 초본이다. 생육환경은 토양 비옥도에 상관없이 양지바른 곳에서 자란다. 키는 10~20㎝이고, 잎은 길이 5~15㎝ 정도로 표면은 광이 많이 나며 짙은 녹색이고 뒷면은 작은 섬모들이 나 있다. 이른 봄 잎이 올라올 때는 기는 섬모들로 둘러싸여 있으며 따뜻해지면 서서히 섬모가 없어진다. 꽃은 흰색으로 가지 윗부분에서 피며 뒷면은 홍자색이다. 열매는 7~9월경에 달리고, 종자는 갈색이다.

솜방망이

이 명 들솜쟁이, 구설초, 산방망이, 소곰쟁이
학 명 *Tephroseris kirilowii* (Turcz. ex DC.) Holub
과 명 국화과
개화기 5~6월

솜방망이_새순

솜방망이_꽃봉오리

솜방망이_꽃

솜방망이_종자 결실

생육특성

우리나라 전국 양지바른 들에서 자라는 다년생 초본이다. 생육 환경은 비교적 척박한 토양에서도 잘 자라지만 부엽질이 많은 양지바른 곳에서 군락을 이룬다. 키는 20~60㎝ 정도로 큰 편이며, 잎은 길이 5~10㎝, 너비 1.5~2.5㎝이며 여러 겹으로 되어 개화기까지 남아 있고 긴 타원형이다. 잎 양면이 많은 솜털로 덮여 있기 때문에 '솜방망이'라고 한다. 꽃은 노란색으로 지름 3~4㎝ 정도이며 줄기 끝에 3~9개 정도가 달린다. 열매는 7~8월경에 달리며 길이 2.5㎜이며 원통형으로 털이 촘촘히 있다. 이른 봄 잎이 올라올 때 잎 전체가 잔털로 덮여 있지만 자라면서 잔털은 많이 없어진다. 주로 무덤가 근처와 같은 햇볕이 잘 드는 곳에서 집단적으로 핀다.

쇠뜨기

이 명 뱀밥, 즌슬, 필두채
학 명 *Equisetum arvense* L.
과 명 속새과
개화기 4~10월

쇠뜨기_생식경 올라오는 모습

쇠뜨기_영양 생장

쇠뜨기_영양 번식 상태

쇠뜨기_핀 모습

생육특성

전국의 산과 들에서 자라는 다년생 초본이다. 생육 환경은 햇볕이 잘 드는 곳이나 양지바른 곳에서 자란다. 키는 30~40㎝이고, 생식경은 이른 봄에 나와 줄기 끝에 마치 아피트와 같은 모양으로 포자낭수를 형성한다. 영양경은 속이 비어 있고 비스듬히 자라다가 지상에서 곧게 서며 세로로 모가 나 있다.

쇠별꽃

이 명 콩버무리
학 명 *Stellaria aquatica* (L.) Scop
과 명 석죽과
개화기 5~6월

쇠별꽃_줄기와 잎

쇠별꽃_꽃봉오리 출현

쇠별꽃_꽃봉오리

쇠별꽃_꽃

생육특성

우리나라 각처의 산과 들에서 사라는 2년생 또는 다년생 초본이다. 생육 환경은 햇볕이 잘 드는 곳에서 자란다. 키는 20~50㎝이고, 잎은 길이 1~6㎝, 너비 0.8~3㎝로 마주난다. 꽃은 흰색으로 잎이 달려 있는 가지 끝에 달리고 꽃이 시들면 처진다. 열매는 6~7월경에 달리고 달걀 모양이며, 종자는 편평하다.

술패랭이꽃

이 명 수패랭이꽃
학 명 *Dianthus longicalyx* Miq.
과 명 석죽과
개화기 6~8월

술패랭이꽃_꽃

술패랭이꽃_종자

술패랭이꽃_전초

술패랭이꽃_무리

생육특성

우리나라 중부 이북의 고산에서 자생하는 다년생 초본이다. 생육 환경은 습기가 많지 않은 곳과 서늘한 반그늘에서 잘 자란다. 키는 30~60㎝이고, 잎은 길이 4~10㎝, 너비 0.2~1㎝로 뾰족하며 끝이 좁고 가장자리가 밋밋하다. 꽃은 연한 홍색으로 가지와 원줄기 끝에 꽃줄기가 길게 올라와 달리고 아래로 계속 내려오며 달린다. 꽃잎 끝은 5갈래로 깊게 갈라지며 꽃잎 안쪽은 가는 털이 나 있다. 열매는 9~10월경에 원주형으로 달리는데, 끝은 4개로 갈라지고 안에는 편평하고 검은 종사가 많이 들어 있다. 꽃이 활짝 개화할 때 바람 부는 방향에 있으면 은은한 향이 전해 온다.

씀바귀

이 명 씸배나물, 씀바기, 쓴귀물, 싸랑부리, 꽃씀바귀, 흰씀바귀
학 명 *Ixeridium dentatum* (Thunb. ex Mori) Tzvelev
과 명 국화과
개화기 5~7월

씀바귀_꽃봉오리

씀바귀_꽃

씀바귀_종자

씀바귀_종자 결실

생육특성

우리나라 중부 이남의 산이나 들에 흔히 나는 다년생 초본이다. 생육 환경은 양지 혹은 반그늘의 어느 곳에서도 잘 자란다. 키는 25~50㎝이고, 잎은 끝이 뾰족하고 밑은 좁아져 잎자루로 이어지며 1/2 이하에 치아 모양의 톱니가 생긴다. 꽃은 황색이며 지름 1.5㎝ 정도로 원줄기 끝에 달린다. 열매는 9~10월경에 달리고, 종자에 붙은 갓털은 연한 갈색이다.

앉은부채

이 명 산부채풀, 삿부채잎, 우엉취
학 명 *Symplocarpus renifolius* Schott ex Miq.
과 명 천남성과
개화기 3~5월

앉은부채_새순

앉은부채_잎

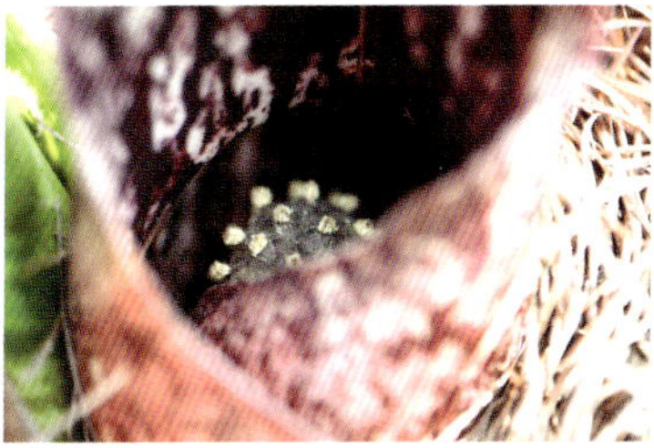

앉은부채_꽃 확대

앉은부채_무리

생육특성

우리나라 전국에 자생하는 다년생 초본이다. 생육 환경은 골짜기나 약하게 경사진 곳에서 자란다. 키는 10~20㎝이고, 잎은 길이 30~40㎝, 너비 35~42㎝로 둥글고 길며 끝이 뾰족하고 뿌리에서 발달되어 나온다. 꽃은 검은 자갈색으로 길이 10~20㎝이고, 포의 길이 8~20㎝, 지름 5~12㎝로 잎보다 꽃이 먼저 핀다. 열매는 6~7월경에 둥글게 모여 달린다. 잎은 꽃이 시든 후 크게 펼쳐지는데, 그래서 상춘객들이 보여드는 시기에는 꽃은 시들고 없고 잎만 무성하게 자라 있어 품종을 잘 구분하기 힘들다. 특히 이른 봄 자생지에 가면 꽃 안에 들어 있는 열매가 사라지고 없는 것을 볼 수 있는데, 이는 겨우내 굶주렸던 들쥐가 따 먹고 없기 때문이다.

알록제비꽃

이 명 청자오랑캐, 청알록제비꽃, 알록오랑캐, 얼룩오랑캐
학 명 *Viola variegata* Fisch. ex Link
과 명 제비꽃과
개화기 5~6월

알록제비꽃_새순

알록제비꽃_꽃잎과 시든 모습

생육특성

우리나라 전역의 산에서 자라는 다년생 초본이다. 생육 환경은 양지 혹은 반음지의 물 빠짐이 좋은 곳에 자란다. 키는 5~10㎝이고, 잎은 길이와 너비 각각 2.5~5㎝로 표면은 짙은 녹색이고 잎맥을 따라 흰색 무늬가 있으며 뒷면은 자주색이다. 꽃은 자주색으로 몇 개의 꽃줄기가 잎 속에서 나와 끝에 한 송이씩 달린다. 열매는 8~9월경에 타원형으로 달린다.

애기괭이눈

이 명 덩굴괭이눈, 애기괭이눈풀
학 명 *Chrysosplenium flagelliferum* F. Schmidt
과 명 범의귀과
개화기 4~5월

애기괭이눈_새순

애기괭이눈_꽃

애기괭이눈_씨방

애기괭이눈_무리

생육특성

우리나라 각처의 계곡에서 자라는 다년생 초본이다. 생육 환경은 습기가 많은 계곡의 바위틈에 이끼와 같이 공존한다. 키는 15㎝가량이며, 잎은 둥근 심장형으로 길이 0.3~1㎝ 정도, 너비 0.4~1.2㎝ 정도이다. 꽃은 연한 황녹색이며 가운데 노란색 꽃이 핀다. 열매는 6월경에 속이 여러 칸으로 나누어진 씨방에 많은 종자가 달린다. 애기괭이눈은 다른 괭이눈과는 날리 실고 가늘게 자란다. 번식은 6월경에 열리는 종자로 이루어진다. 종자로 빈식하는 대부분의 식물에서는 변이체가 나타나기 쉬운네, 괭이눈 종류도 마찬가지여서 최근에 약용식물에 관심이 높아지면서 많은 보고가 되고 있다.

애기괭이밥

이 명 큰선괭이밥, 산괭이밥, 애기괭이밥풀
학 명 *Oxalis acetosella* L.
과 명 괭이밥과
개화기 5~6월

애기괭이밥_잎

애기괭이밥_꽃 피기 전

애기괭이밥_꽃

애기괭이밥_무리

생육특성

우리나라 각처의 깊은 산에서 자라는 다년생 초본이다. 생육환경은 습기가 많고 토양이 비옥한 반그늘에서 자란다. 키는 5~15㎝이고, 잎은 길이 3~10㎝로 뿌리에서 생기며 잎자루 끝에서 3개의 작은 잎이 옆으로 퍼진다. 작은 잎은 길이 0.4~2㎝, 너비 0.7~3㎝로 심장형이다. 꽃은 흰색으로 뿌리에서 꽃줄기가 나와 줄기 끝에 한 송이 달린다. 열매는 7~8월경에 달리고 길이 0.4~0.6㎝로 둥글다.

애기나리

이 명 가지애기나리
학 명 *Disporum smilacinum* A. Gray
과 명 백합과
개화기 4~5월

애기나리_새순

애기나리_잎이 변이된 모습

애기나리_개화 직전

애기나리_종자 결실

생육특성

우리나라 중부 이남의 산지에서 자라는 다년생 초본이다. 생육환경은 반그늘나 양지에서 잘 자라며 배수가 잘 되는 토양을 좋아한다. 키는 20~40㎝이고, 잎은 타원형으로 길이 4~7㎝, 너비 1.5~3.5㎝이다. 꽃은 4~5월에 연한 녹색으로 피며 가지 끝에서 1~2개가 밑을 향해 달린다. 열매는 길며 둥글고 검은색으로 익는다.

애기똥풀

이 명 까치다리, 젖풀, 씨아똥
학 명 *Chelidonium majus* var. *asiaticum* (Hara) Ohwi
과 명 양귀비과
개화기 5~8월

애기똥풀_잎

애기똥풀_꽃봉오리

애기똥풀_잎에서 나오는 액

애기똥풀_종자 결실

생육특성

전국의 산지와 동네 주변에서 자라는 2년생 초본이다. 생육환경은 양지바른 곳 어디에서나 잘 자란다. 키는 30~70㎝이고, 잎은 어긋나며 길이 7~14㎝, 너비 5~10㎝로 끝이 둥글고 가장자리에 둔한 톱니가 있다. 꽃은 황색으로 길이 1.2㎝가량이고, 줄기 옆에서 나오고 꽃잎은 4장이며, 꽃봉오리 상태에서는 많은 털이 나 있다. 열매는 9월경에 길이 3~4㎝, 지름 2㎜ 정도의 좁은 원주형으로 달린다. 꽃줄기를 자르면 누란 액체가 묻쳐 있는 것을 볼 수 있는데, 이 모양이 마치 애기의 똥과 같다고 하여 붙여진 이름이다.

애기풀

이 명 영신초, 아기풀
학 명 *Polygala japonica* Houtt.
과 명 원지과
개화기 4~5월

애기풀_새순

애기풀_꽃

애기풀_전초

애기풀_꽃(위에서 본 모습)

생육특성

우리나라 각처의 산이나 들에서 자라는 초본성 반관목이다. 생육 환경은 토양의 수분이 작은 곳과 물 빠짐이 좋고 햇볕이 잘 드는 곳에서 자란다. 키는 약 20㎝이고, 잎은 난형으로 잔털이 있으며 마주난다. 줄기는 뿌리에서 여러 대가 나와 바로 서거나 비스듬히 자라며 전체에 잔털이 난다. 꽃은 나비와 같은 형상을 하고 연한 홍색으로 달리고, 꽃받침 잎은 5개로 양쪽 2개의 꽃받침 잎이 날개 모양으로 된다. 열매는 9월경에 넓은 날개가 있으며 편평한 원형으로 달린다.

앵초

이 명 취란화, 깨풀, 연앵초
학 명 *Primula sieboldii* E. Morren
과 명 앵초과
개화기 4월

앵초_잎

앵초_꽃봉오리

앵초_꽃

앵초_종자 결실

생육특성

우리나라 전국 각처의 산지에서 자라는 다년생 초본이다. 생육 환경은 배수가 잘 되고 비옥한 토양의 반그늘에서 잘 자란다. 키는 10~25㎝이고, 잎은 타원형이며 길이 4~10㎝, 너비 3~6㎝로 가는 섬모가 있고 표면에 주름이 많이 지고 가장자리가 얕게 갈라지고 뿌리에 모여 있다. 꽃은 홍자색으로 4월에 피며 줄기 끝에 7~20개가 옆으로 펼쳐지듯 달린다. 열매는 8월경에 둥글고 지름 5㎜ 정도로 달린다. 앵초라는 이름은 꽃 모양이 마치 앵두와 같다고 하여 붙여졌으며, 유사한 꽃들이 시중에 많이 판매된다. 이는 앵초가 '프리뮬라'에 속하는 식물이라서 외국에서는 많이 개량되어 판매되고 있기 때문이다.

양지꽃

이 명 소시랑개비, 큰소시랑개비, 좀양지꽃, 애기양지꽃, 왕양지꽃
학 명 *Potentilla fragarioides* var. *major* Maxim.
과 명 장미과
개화기 4~6월

양지꽃_새순

양지꽃_꽃

양지꽃_전초

양지꽃_종자 결실

생육특성

우리나라 전국의 산과 들에 자라는 다년생 초본이다. 생육환경은 토질에 관계없이 햇볕이 잘 드는 곳에서 자란다. 키는 30~50㎝이고, 잎은 길이 1.5~5㎝, 너비 1~3㎝로 여러 개가 나와 사방으로 퍼지며 양 끝이 좁고 양면에 털이 있으며 타원형이다. 꽃은 황색으로 지름 1.5~2㎝이며 꽃받침 길이보다 1.5~2배 정도 길다. 열매는 길이 약 2㎜ 정도로 6~7월경에 달리고 털이 없으며 난형이다.

얼레지

이 명 가재무릇
학 명 *Erythronium japonicum* (Balrer) Decne.
과 명 백합과
개화기 4월

얼레지_새순

얼레지_잎

생육특성

우리나라 전국의 높은 산에서 자라는 다년생 구근 식물이다. 생육 환경은 반그늘로 물 빠짐이 좋은 비옥한 토질이어야 한다. 키는 20~30㎝이고, 잎은 길이 6~12㎝, 너비 2.5~5㎝로 녹색 바탕에 자주색 무늬가 있으며 좁은 난형 또는 긴 타원형이다. 꽃은 자주색으로 두 장의 잎 사이에서 긴 1개의 꽃줄기가 나오고 상단부에 1개의 꽃이 밑을 향해 달린다. 꽃잎은 6개이고 길이 5~6㎝, 너비 0.5~1㎝로 아침에는 꽃봉오리가 닫혀 있다가 햇볕이 들면 꽃잎이 벌어지는 데 소요되는 시간은 불과 10분 이내이며 오후로 가까워지면서 꽃잎이 뒤로 말린다. 꽃 안쪽에는 암자색 선으로 된 'W'자형 무늬가 선명하게 있다. 열매는 6~7월경에 갈색으로 변하고 타원형 또는 구형이며, 종자는 검은색으로 뒤에는 흰 액과 같은 것이 붙어 있는데, 씨방이 아래로 향해 있기 때문에 시기를 놓치면 쏟아지고 없다. 잎이 한 장과 두 장으로 나오는데, 한 장을 가진 잎은 개화하지 않는다. 간혹 잎이 한 장인 것에서 꽃대가 올라오는 것이 있지만 이는 다른 잎이 손상되어 나타나는 현상이다. 또한 종자 발아를 해서 생긴 알뿌리는 해마다 땅속 깊이 들어가는 특성을 보이는데, 많이 들어간 것은 30㎝ 정도이고 일반적으로 20㎝가량은 들어가 있다. 1경 1화(1개의 구근에서 1개의 꽃이 피는 것을 의미함.)이다.

연복초

이 명 련복초(북)
학 명 *Adoxa moschatellina* L.
과 명 연복초과
개화기 4~5월

연복초_잎 올라오는 모습

연복초_잎

연복초_꽃봉오리

연복초_꽃

생육특성

우리나라 가야산 이북의 북부 이북에서 자라는 다년생 초본이다. 생육 환경은 토양이 비옥한 반그늘에서 자란다. 키는 8~15㎝이고, 잎은 잎자루 길이가 4~9㎝이며 3~9개의 작은 잎으로 갈라진다. 꽃은 황녹색으로 길이 0.2~0.3㎝의 아주 작은 꽃들이 줄기 윗부분에 뭉쳐 달린다. 열매는 5월 말경에 익으며 지름 0.2~0.3㎝ 정도이고 구형으로 달린다. 도감에는 북부 이북의 높은 산에서 생육하는 품종으로 기재되어 남도 지방에도 넓게 분포하는 것으로 봐서 또 다른 식생 조사가 이루어져야 한다고 본다. 꽃과 잎의 색이 성확지 않고 너무 작은 꽃들이 상층부에 뭉쳐 피기 때문에 쉽게 지나칠 수 있는 품종이다.

연영초

이 명 왕삿갓나물, 큰꽃삿갓풀, 큰연영초, 큰연령초, 연령초
학 명 *Trillium kamtschaticum* Pall. ex Pursh
과 명 백합과
개화기 5~6월

연영초_잎

연영초_꽃봉오리

연영초_꽃

연영초_무리

생육특성

우리나라 경북(울릉도), 강원, 경기 이북의 산지에서 자라는 다년생 초본이다. 생육 환경은 주변 습도가 높거나 개울가 반음지 혹은 음지의 부엽질이 풍부한 곳에서 자란다. 키는 20~40㎝ 정도이고, 잎은 끝이 짧게 뾰족하고 밑은 약간 둥글며 가장자리는 밋밋하고 뒷면에 작은 돌기가 있으며 길이와 너비는 각각 7~17㎝이고 줄기 끝에 3개의 잎이 돌려난다. 꽃은 꽃줄기 끝에 1개가 비스듬히 위를 향해 피며 길이 4~6㎝이다. 꽃받침 조각은 3개이며 긴 타원형으로 길이 2.5~3.5㎝이다. 꽃잎도 3개이며 타원형으로 끝이 둔하며 길이 3~4㎝이다. 열매는 7~8월경에 둥글게 달린다.

염주괴불주머니

이 명 갯현호색
학 명 *Corydalis heterocarpa* Siebold & Zucc.
과 명 현호색과
개화기 4~5월

염주괴불주머니_잎

염주괴불주머니_꽃봉오리

염주괴불주머니_꽃

염주괴불주머니_종자 결실

생육특성

우리나라 전국 각처의 바닷가에서 자라는 2년생 초본이다. 생육 환경은 공중습도가 높은 곳의 양지에서 자란다. 키는 40~60㎝이고, 잎은 길이와 너비 각각 10~25㎝로 삼각형이다. 꽃은 황색이고 길이 1.5~2㎝로 한쪽은 방패 모양으로 벌어지고 다른 한쪽은 반대로 된다. 열매는 6~7월경에 날리고 염주처럼 잘록하며, 종자는 검은색이고 1줄로 배열되며 많이 붙어 있다.

옥녀꽃대

이 명 과부꽃대
학 명 *Chlorantus fortunei* (A. Gray) Solms
과 명 홀아비꽃대과
개화기 4~5월

옥녀꽃대_새순

옥녀꽃대_잎

옥녀꽃대_꽃봉오리

옥녀꽃대_꽃

옥녀꽃대_종자 결실

생육특성

우리나라 제주도와 남부 지방 숲에 사는 다년생 초본이다. 생육 환경은 반그늘이나 양지에서 자라며 토양 비옥도가 좋은 곳에 자란다. 키는 15~40㎝이고, 잎은 줄기 끝에 타원형으로 4장이 뭉쳐나고 녹색이며 끝이 날카롭지 않다. 꽃은 흰색으로 4장의 잎 사이에서 꽃대가 올라오며 길이 20~25㎝이며 전체에 털이 없고 가지는 갈라지지 않는다. 열매는 6~7월경에 노란색이 도는 녹색으로 둥글게 달린다. 처음 발견된 장소가 거제도 '옥녀봉'이어서 옥녀꽃대라고 한다. 몇 년 전까지만 해도 남도 지방에서는 이 꽃을 '홀아비꽃대' 혹은 꽃이 작고 잎이 크기 때문에 '과부꽃대'라고도 불렀다. 하지만 홀아비꽃대와는 분명한 차이가 있어 이제는 정정하여 '옥녀꽃대'로 부르고 있다. 종자가 익는 시기가 6월경인데, 종자가 결실되면 홀아비꽃대는 위로 솟구치지만 옥녀꽃대는 약 45~60도 정도 비스듬히 누워 있다. 그래서 종자가 익는 시기에도 구분이 가능한 꽃이다.

왜갓냉이

이 명 갓황새냉이, 산고추냉이, 깽깽이냉이, 고초냉이, 왜갓황새냉이
학 명 *Cardamine yezoensis* Maxim
과 명 십자화과
개화기 5월

왜갓냉이_잎

왜갓냉이_꽃

왜갓냉이_무리

왜갓냉이_전초

생육특성

우리나라 깊은 산속 계곡에서 자라는 다년생 초본이다. 생육환경은 물기가 많은 반음지에서 자란다. 키는 30~50㎝이고, 잎은 길이 1~4㎝, 너비 0.7~1.5㎝로 크기와 모양이 같고 5~9개의 작은 잎이 새의 깃 모양으로 갈라지고, 잎자루는 길이 5~12㎝이다. 꽃은 흰색으로 정상부에서 뭉쳐 달린다. 열매는 7~8월경에 달리고, 종자는 검은 갈색이다.

왜미나리아재비

이 명 실젓가락나물
학 명 *Ranunculus franchetii* H. Boissieu
과 명 미나리아재비과
개화기 4~5월

왜미나리아재비_전초

왜미나리아재비_꽃

왜미나리아재비_시들어 가는 모습

왜미나리아재비_종자 결실

생육특성

우리나라 강원도 이북 산지에서 나는 다년생 초본이다. 생육환경은 기온이 서늘한 해발 약 1,000m의 반그늘지고 부엽질이 풍부한 토양에서 자란다. 키는 약 20~30㎝이고, 잎은 뿌리에서 생긴 잎은 잎사루가 길며 길이 2~2.5㎝, 너비 약 2.5㎝로 3갈래로 갈라지며, 줄기에서 나온 잎은 윗부분의 것은 3개로 깊게 갈라진다. 꽃은 줄기 끝에 한두 송이가 달리고 꽃잎은 5개, 꽃받침도 5개이며 황색으로 핀다. 열매는 6~7월경에 길이 약 0.2㎝의 짧은 털이 빽빽하고 둥글게 달린다.

왜현호색

이 명 산현호색
학 명 *Corydalis ambigua* Cham. & Schleht
과 명 현호색과
개화기 4~5월

왜현호색_잎

왜현호색_꽃

왜현호색_시들어 가는 모습

왜현호색_무리

생육특성

우리나라 각처의 산지에서 나는 다년생 초본이다. 생육 환경은 반그늘 혹은 양지의 물 빠짐이 좋고 토양 비옥도가 높은 곳에서 자란다. 키는 10~30㎝이고, 잎은 길이 1~3㎝, 너비 약 0.2㎝로 연하며 회남색이 도는 녹색이고 가장자리는 밋밋하고 3개로 갈라지며 끝이 둥글다. 꽃은 사줏빛이 도는 하늘색이며 길이 1.7~2.5㎝로 원줄기 끝에서 3~10여 개의 꽃이 뭉쳐서 달리고 한쪽 옆을 향하며 입술처럼 퍼진다. 열매는 6~7월경에 길이 1.5~2.3㎝, 너비 약 0.3㎝로 긴 타원형으로 달리고, 종자는 검은 광택이 나는 갈색이며 10여 개가 들어 있다.

요강나물

이 명 선종덩굴
학 명 *Clematis fusca* var. *coreana* (H. Lév. & Vaniot) Nakai
과 명 미나리아재비과
개화기 5~6월

요강나물_잎 올라오는 모습

요강나물_잎

요강나물_꽃봉오리

요강나물_꽃

생육특성

우리나라 중부 이북의 설악산 이북 높은 지대에서 자라는 낙엽 반관목이다. 생육 환경은 주변 습도가 높거나 안개가 많아 공중습도가 높고 부엽질이 많은 양지에서 자란다. 키는 30~100㎝이고, 잎은 어긋나고 3개의 작은 잎으로 구성되거나 홑잎으로 깊게 3개로 갈라져 단풍잎처럼 되는 것도 있고 표면과 뒷면 맥 위에 잔털이 있다. 꽃은 줄기 끝에 1개씩 아래를 향해 달리며, 꽃받침은 흑갈색이고 작은 털이 많이 나 있다. 열매는 9월경에 달리며 길이 약 3㎝ 정도의 갈색으로 된 깃털 모양의 털이 있으며 달걀을 거꾸로 세운 모양이다.

우산나물

이 명 섬우산나물, 대청우산나물, 삿갓나물
학 명 *Syneilesis palmata* (Thunb.) Maxim.
과 명 국화과
개화기 6~8월

우산나물_새순

우산나물_잎

우산나물_꽃봉오리

우산나물_꽃

우산나물_종자 결실

생육특성

우리나라 전국의 산에 넓게 분포하는 다년생 초본이다. 생육 환경은 전국의 야산에서부터 표고 1,000m 되는 고산지대까지의 수림 밑 반그늘진 습한 곳에 군락을 이루며 자생한다. 키는 70~120㎝이고, 잎은 지름 35~40㎝이며 손바닥 모양으로 7~9 갈래로 완전히 갈라지며 다시 끝이 깊게 두 갈래로 갈라지는데, 꽃이 피기 전에 윗부분에 달려 있다. 이른 봄 올라오는 잎은 우산대 모양으로 가는 털이 많이 나 있다. 꽃은 흰색으로 지름 0.8~1㎝이며 가운데 긴 꽃줄기의 갈라진 끝에 달린다. 작은 꽃들이 뭉쳐 피는 품종이고, 암술은 다른 품종들과는 달리 '∞' 모양이다. 종자는 9~10월경에 결실되며 갈색의 갓털이 붙어 있고, 결실이 완료되는 시점을 놓치게 되면 종자는 금방 바람에 날아가 버린다.

윤판나물

이 명 대애기나리, 큰가지애기나리, 금윤판나물
학 명 *Disporum uniflorum* Baker
과 명 백합과
개화기 4~6월

윤판나물_새순

윤판나물_꽃봉오리

윤판나물_종자 결실

윤판나물_전초

생육특성

우리나라 중부 이남 지방에 자생하는 다년생 초본이다. 생육 환경은 반그늘이 있는 토양이 비옥한 곳에서 자란다. 키는 30~60㎝이고, 잎은 길이 5~15㎝, 너비 1.5~4㎝로 긴 타원형이고 끝이 뾰족하며 어긋난다. 꽃은 황색이며 길이 2㎝ 정도로 가지 끝에 1~3개가 통 모양으로 아래를 향해 달린다. 열매는 검고 7~8월경에 길이 1㎝ 정도로 둥글게 달린다.

은난초

이 명 은란
학 명 *Cephalanthera erecta* (Thunb.) Blume
과 명 난초과
개화기 5월

은난초_꽃봉오리

은난초_꽃 피기 전

은난초_꽃

은난초_시들어 가는 모습

생육특성

우리나라 전국의 산과 들에 분포하는 다년생 초본이다. 생육 환경은 물 빠짐이 좋은 반그늘 혹은 양지에서 자란다. 키는 40~60㎝이고, 잎은 길이 3~8.5㎝, 너비 1~2.5㎝로 긴 타원형이고 끝이 뾰족하며 줄기를 감싸며 어긋난다. 꽃은 흰색으로 원줄기 끝에 3~10개가 이삭과 같이 달린다. 열매는 7~8월경에 길이 약 2㎝ 정도로 달리고 안에는 작은 종자들이 많이 들어 있다.

은대난초

이 명 은대난, 댓잎은난초, 은대란
학 명 *Cephalanthera longibracteata* Blume
과 명 난초과
개화기 5~6월

은대난초_꽃 피기 전

은대난초_꽃대 올라오는 모습

은대난초_꽃

은대난초_종자 결실

생육특성

우리나라 전국 각처의 산지에서 자라는 다년생 초본이다. 생육 환경은 반그늘 혹은 양지의 물 빠짐이 좋은 풀숲에서 자란다. 키는 30~50㎝이고, 잎은 길이 5~15㎝, 너비 1.5~4㎝로 끝이 뾰족하고 긴 타원형으로 어긋난다. 꽃은 흰색으로 길이 0.4~0.7㎝이고 완전히 펴지지 않는다. 열매는 7~8월경에 갈색으로 달린다.

은방울꽃

이 명 비비추, 초롱꽃, 영란
학 명 *Convallaria keiskei* Miq.
과 명 백합과
개화기 4~5월

은방울꽃_꽃

은방울꽃_꽃 내부

은방울꽃_종자

은방울꽃_군락

생육특성

우리나라 전국 각처의 산에 분포하는 다년생 초본이다. 생육환경은 토양이 비옥하고 물 빠짐이 좋은 반그늘에서 자란다. 키는 20~30㎝이고, 잎은 길이 12~18㎝, 너비 3~7㎝로 3월경에 막에 둘러싸인 첫 잎이 지상부로 올라오고 가장자리는 밋밋하며 표면은 짙은 녹색이고 뒷면은 연한 흰빛이 돌며 긴 타원형 또는 난상 타원형이다. 꽃은 흰색으로 길이 0.6~0.8㎝이며 '종'이나 '항아리' 모양이고 끝이 6개로 갈라져서 뒤로 젖혀진다. 두 잎 사이에서 꽃대가 출현하고 아래에서 위쪽으로 올라가며 개화하는 특성이 있다. 바람이 불어오는 곳이면 은은한 사과향 혹은 레몬향이 강하게 전해 온다. 열매는 붉은색으로 9월경에 달리며 지름 0.6㎝ 정도로 둥글다.

자란초

이 명 큰잎조개나무, 자난초
학 명 *Ajuga spectabilis* Nakai
과 명 꿀풀과
개화기 5~6월

자란초_잎

자란초_꽃봉오리

자란초_꽃

자란초_시든 꽃

생육특성

우리나라 중부 이남의 산지에서 자라는 다년생 초본으로 우리나라 특산식물이다. 생육 환경은 부엽질이 풍부하며 반그늘이나 양지의 나무 아래에서 자란다. 키는 약 50㎝이고, 잎은 표면과 뒷면 맥 위에 털이 약간 있으며 가장자리에 불규칙한 톱니와 털이 나 있고 길이 약 17㎝, 너비 약 9㎝이고 어긋난다. 꽃은 자주색으로 길이 3㎝ 정도이며 줄기 끝 또는 잎자루에 붙어 달린다. 열매는 8월경에 달리고 둥글고 주름이 있다.

자운영

학 명 *Astragalus sinicus* L.
과 명 콩과
개화기 4~6월

자운영_꽃

자운영_무리

생육특성

중국 원산으로, 우리나라 남부에서 재배하는 2년생 초본이다. 생육 환경은 따뜻한 지역의 양지에서 자란다. 키는 10~25㎝이고, 잎은 길이 0.6~2㎝, 너비 0.3~1.5㎝로 타원형이며, 작은 잎은 9~11쌍 정도 된다. 꽃은 홍자색으로 줄기 끝에 7~10개가 펼쳐지듯 달린다. 열매는 길이 2~2.5㎝, 지름 약 0.6㎝로 7~8월경에 달리며 누른빛이 도는 종자가 있다.

자주괴불주머니

이 명 자주현호색, 자지괴불주머니, 자주뿔꽃
학 명 *Corydalis incisa* (Thunb.) Pers.
과 명 현호색과
개화기 5월

자주괴불주머니_잎

자주괴불주머니_꽃봉오리

자주괴불주머니_꽃

자주괴불주머니_전초

생육특성

우리나라 남부 지방에 주로 자라는 2년생 초본이다. 생육 환경은 습기가 많은 양지나 반그늘에서 자란다. 키는 20~50㎝이고, 잎은 길이 3~8㎝로 심각상 원형이고 3개씩 2회 갈라지며 가장자리에는 톱니가 있고 어긋난다. 꽃은 홍자색으로 길이 4~12㎝이고 원줄기 끝에 부채 모양으로 뭉쳐서 달린다. 열매는 길이 1.5㎝, 너비 0.3~0.5㎝의 긴 타원형으로 6~7월경에 달리고, 종자는 검고 광택이 난다.

장대나물

이 명 장대, 깃대나물
학 명 *Arabis glabra* Bernh
과 명 십자화과
개화기 4~6월

장대나물_잎

장대나물_꽃봉오리

장대나물_꽃

장대나물_종자 결실

생육특성

우리나라 각처의 산과 들에서 자라는 2년생 초본이다. 생육환경은 물 빠짐이 좋은 양지에서 자란다. 키는 70㎝ 정도이고, 잎은 밑부분은 뿌리에서 생긴 잎과 더불어 털이 있으나 윗부분의 잎은 털이 없고, 줄기에서 난 잎은 긴 타원형이다. 꽃은 흰색으로 십자 모양이며 원줄기 끝에 달린다. 열매는 8~9월경에 길이 4~6㎝로 달리고, 종자는 길이 약 0.3㎝이다.

점현호색

학 명 *Corydalis maculata* B. U. Oh & Y. S. Kim
과 명 현호색과
개화기 4~5월

점현호색_잎

점현호색_꽃봉오리

점현호색_꽃 피기 전

점현호색_꽃

생육특성

우리나라 강원도와 경기도 일대에서 자라는 다년생 초본이다. 생육 환경은 반그늘 혹은 양지의 물 빠짐이 좋고 토양 비옥도가 높은 곳에서 자란다. 키는 8~25㎝이고, 잎은 길이 3~13㎝, 너비 3~16㎝이며 표면은 녹색이고 크고 뚜렷한 흰색 반점이 전체에 펴져 있다. 꽃은 진한 청색이고 길이 2.4~3㎝이며 원줄기 끝에 3~18개가 뭉쳐서 달린다. 열매는 6~7월경에 길이 0.9~2.8㎝, 너비 약 0.5㎝로 달리고, 종자는 둥글고 광택이 난다.

제비꽃

이 명 오랑캐꽃, 장수꽃, 씨름꽃, 민오랑캐꽃, 병아리꽃, 외나물, 옥녀제비꽃, 앉은뱅이꽃, 가락지꽃, 참제비꽃, 참털제비꽃, 큰제비꽃
학 명 *Viola mandshurica* W. Becker
과 명 제비꽃과
개화기 4~5월

제비꽃_잎 시드는 모습

제비꽃_종자 결실

생육특성

우리나라 전역의 산과 들에 자라는 다년생 초본이다. 생육환경은 양지 혹은 반음지의 물 빠짐이 좋은 곳에 자란다. 키는 10~15cm이고, 잎은 길이 3~8cm, 너비 1~2.5cm로 가장자리에 얕고 둔한 톱니가 있으며 뿌리에서 긴 잎자루가 있는 잎이 모여 난다. 꽃은 보라색 또는 짙은 자주색으로 잎 사이에서 긴 꽃줄기 나오며 그 끝에 한 송이가 달려 한쪽을 향하여 핀다. 열매는 6~7월경에 타원형으로 달린다.

조개나물

학 명 *Ajuga multiflora* Bunge
과 명 꿀풀과
개화기 5~6월

조개나물_새순

조개나물_자라는 모습

조개나물_꽃봉오리

조개나물_꽃

생육특성

우리나라 경기 이남에서 자라는 다년생 초본이다. 생육 환경은 양지의 토양이 비교적 메마른 곳 즉, 산소 주변이나 잔디가 많은 곳에서 자란다. 키는 30~40㎝이고, 잎은 길이 1.5~3㎝, 너비 0.7~2.0㎝로 타원형 또는 난형이며 마주나고 가장자리에 톱니가 있다.

꽃은 자주색으로 잎겨드랑이에서 뭉쳐 위로 올라가며 달리고 통형이며 끝은 입술 모양이고 꽃잎 뒤쪽에는 작은 털이 나 있다. 열매는 7~8월경에 납작하고 둥근 모양으로 달린다.

조릿대

이 명 기주조릿대, 긔주조릿대, 산대, 산죽, 신우대, 조리대
학 명 *Sasa borealis* (Hack.) Makino
과 명 벼과
개화기 5~7월

조릿대_꽃

조릿대_잎

조릿대_줄기

조릿대_종자 결실

생육특성

우리나라 각처 산 중턱 이하의 숲이나 개활지에서 자라는 상록 관엽 식물이다. 생육 환경은 물 빠짐이 좋고 반그늘 혹은 양지에서 자란다. 키는 1~2m 정도이고, 잎은 길이 10~25cm로 가지 끝에서 2~3장씩 나오고 가장자리에는 가시 같은 잔톱니가 있다. 꽃은 자주색으로 포에 싸여 있고 2~5개의 꽃이 5년마다 한 번씩 피는데, 꽃이 핀 다음 지상부는 죽고 없어진다. 열매는 7~8월경에 달린다.

족도리풀

이 명 세신
학 명 *Asarum sieboldii* Miq.
과 명 쥐방울덩굴과
개화기 5~6월

족도리풀_새순

족도리풀_잎

족도리풀_꽃

족도리풀_변이체

생육특성

우리나라 각처의 산지에서 자라는 다년생 초본이다. 생육 환경은 반그늘 또는 양지의 토양이 비옥한 곳에서 자란다. 키는 15~20㎝이고, 잎은 너비 5~10㎝이고 줄기 끝에서 2장이 나오며 표면은 녹색이고 뒷면은 잔털이 많으며, 줄기는 자줏빛을 띤다. 꽃은 자줏빛으로 끝이 3갈래로 갈라지고 항아리 모양인데, 잎 사이에서 올라오기 때문에 잎을 발견하고 그 위에 쌓여 있는 낙엽을 들추면 속에 꽃이 숨어 있다. 열매는 8~9월경에 두툼하고 둥글게 달린다. 유사종으로는 뿔족도리와 개족도리가 있다.

졸방제비꽃

이 명 졸방나물
학 명 *Viola acuminata* Ledeb.
과 명 제비꽃과
개화기 5~6월

졸방제비꽃_잎

졸방제비꽃_꽃(흰색)

졸방제비꽃_전초

졸방제비꽃_종자 결실

생육특성

우리나라 각처의 산과 들에서 자라는 다년생 초본이다. 생육환경은 양지 혹은 반그늘에서 자란다. 키는 20~40㎝이고, 잎은 길이 2.5~4㎝, 너비 3~5㎜로 어긋나고 줄기 윗부분의 잎은 너비가 길이보다 짧고 끝이 뾰족해지며 가장자리에 둔한 톱니가 있으며, 턱잎은 긴 타원형으로 빗살 모양의 톱니가 있다. 꽃은 흰색 또는 연한 자줏빛으로 원줄기 윗부분의 잎자루에서 옆을 향해 달리고 길이 5~10㎝의 꽃줄기가 나온다. 열매는 7~8월경에 달리고 타원형으로 길이 0.8~1㎝이다.

좀가지풀

이 명 돌좁쌀풀, 금좁쌀풀, 좀가지꽃
학 명 *Lysimachia japonica* Thunb.
과 명 앵초과
개화기 5~6월

좀가지풀_새순

좀가지풀_잎

좀가지풀_줄기

좀가지풀_꽃

생육특성

우리나라 제주도, 지리산, 경기도 강화도의 산지에서 나는 다년생 초본이다. 생육 환경은 겨울 날씨가 따뜻한 남부와 토양의 물 빠짐이 좋고 부엽질이 풍부한 곳에서 자란다. 키는 7~20㎝이고, 잎은 길이 0.6~2.3㎝, 너비 0.5~1.5㎝ 정도로 넓은 난형이고 짧은 털이 있고 어긋난다. 줄기는 비스듬히 서지만 나중에는 옆으로 길게 벋는다. 꽃은 잎자루에서 한 송이씩 황색으로 달린다. 열매는 8~9월경에 달리며 윗부분에 긴 털이 있고 둥글며, 종자는 검은색이다.

주름잎

이 명 담배풀, 담배깡랭이, 고초풀, 선담배풀, 주름잎풀
학 명 *Mazus pumilus* (Burm. f.) Steenis
과 명 현삼과
개화기 5~8월

주름잎_꽃봉오리

주름잎_종자 결실

주름잎_시드는 모습

주름잎_무리

생육특성

우리나라 전역의 들에 자라는 1년생 초본이다. 생육 환경은 양지바른 곳 어디에도 잘 자란다. 키는 5~20㎝이고, 잎은 길이 2~6㎝, 너비 0.8~1.5㎝로 끝이 둥글며 둔한 톱니가 있고 긴 타원상 주걱형이며 마주난다. 잎에 주름살이 지기 때문에 '주름잎'이란 이름이 생겼다. 꽃은 연한 자주색이고 가장자리는 흰색으로 길이 약 1㎝이며 줄기 끝에 입술 모양으로 몇 개씩 뭉쳐 달린다. 열매는 둥글고 지름 0.3~0.4㎝ 정도이다.

중의무릇

이 명 중무릇, 조선중무릇, 참중의무릇, 반도중무릇, 애기물구지
학 명 *Gagea lutea* (L.) KerGawl.
과 명 백합과
개화기 4~5월

중의무릇_꽃

중의무릇_꽃봉오리

중의무릇_개화 직전

중의무릇_시드는 모습

생육특성

우리나라 중부 지역에 자생하는 다년생 초본이다. 생육 환경은 부엽질이 많은 반그늘에서 자란다. 키는 15~20cm이며, 잎은 길이 15~30cm, 너비 0.5~0.9cm로 알뿌리가 위치한 기부에서 잎이 1장 올라오는데, 안쪽으로 말리는 듯하며 육질이다. 꽃은 황색으로 길이 1.2cm 정도이고 어두워지면 꽃을 오므리고 햇볕이 많은 한낮에는 꽃을 피운다. 6개의 꽃잎을 가지며 꽃잎 뒷면에는 녹색이 돈다. 윗부분에 잎이 두 장 붙어 있는데, 이는 꽃봉오리를 보호하기 위해 둘러싸고 있는 잎의 일종이다. 열매는 6~7월경에 길이 약 0.7cm로 둥글게 달린다.

쥐오줌풀

이 명 길초, 긴잎쥐오줌, 줄댕가리, 은댕가리, 바구니나물
학 명 *Valeriana fauriei* Briq.
과 명 마타리과
개화기 5~7월

쥐오줌풀_새순

쥐오줌풀_잎

취오줌풀_꽃봉오리

취오줌풀_종자

생육특성

우리나라 전국의 각처에 분포하는 숙근성 다년생 초본이다. 생육 환경은 척박한 토양에서도 잘 자라지만 비교적 토양 비옥도가 높은 곳과 반그늘 혹은 양지에서 잘 자란다. 키는 40~80 cm이고, 잎은 지상부로 올라오고 난 후에는 뿌리잎이 자라지만, 개화 때에는 뿌리잎이 없어지고 줄기잎이 자란다. 줄기잎은 5~7개로 갈라지고 거치가 있다. 꽃은 연한 붉은색으로 원줄기 끝과 옆 가시에서 둥근 형태로 달린다. 열매는 길이 0.4cm 정도로 8월경에 꽃잎이 붙은 자리에 짧은 갓털을 가지고 달리며, 가을의 약한 바람에도 쉽게 떨어져 나간다.

지리산개별꽃

이 명 지이미치광이풀, 지리산들별꽃(중)
학 명 *Pseudostellaria okamotoi* Ohwi
과 명 석죽과
개화기 5~6월

지리산개별꽃_꽃

생육특성

우리나라 지리산 중턱 이상과 덕유산에서 자라는 다년생 초본이다. 생육 환경은 반그늘이고 토양의 비옥도가 높은 곳에서 자란다. 키는 10~15㎝이고, 잎은 줄기 끝에서 4장이 돌려나는데, 2장은 크고 2장은 작으며 양 끝이 뾰족하다. 꽃은 흰색으로 줄기 끝에서 한 송이 핀다.

지치

이 명 자초, 지초, 지추
학 명 *Lithospermum erythrorhizon* Siebold & Zucc.
과 명 지치과
개화기 5~6월

지치_새순

지치_꽃봉오리

지치_꽃

지치_종자 결실

생육특성

우리나라 각처 산과 들의 풀밭에서 나는 다년생 초본이다. 생육 환경은 토양의 부엽질이 많고 물 빠짐이 좋으며 햇볕이 잘 드는 곳이나 나무 아래의 반그늘에서 잘 자란다. 키는 30~70㎝이고, 잎은 양 끝이 뾰족하고 밑부분이 좁아지며 마주난다. 원줄기는 가지가 갈라지고 털이 많다. 꽃은 줄기 정상에서 꽃받침과 꽃잎이 각각 5개로 갈라지고 흰색으로 달린다. 열매는 8~9월경에 달리고 광택이 난다.

지칭개

이 명 지칭개나물
학 명 *Hemistepa lyrata* Bunge
과 명 국화과
개화기 5~9월

지칭개_잎

지칭개_꽃봉오리

지칭개_꽃

지칭개_종자 결실

생육특성

우리나라 중부 지방 이남의 산과 들에 자라는 2년생 초본이다. 생육 환경은 건조하고 마른 양지 혹은 반음지에서 자란다. 키는 60~80㎝이고, 잎은 길이 7~21㎝로 뒷면에 흰색 털이 빽빽하고 뾰족하다. 꽃은 홍자색으로 통꽃이며 줄기나 가지 끝에 한 송이씩 위를 향해 달리고 꽃이 필 때는 곧게 선다. 열매는 긴 타원형으로 8~10월경에 암갈색으로 달린다.

참꽃마리

이 명 뿌리꽃마리, 좀꽃마리, 조선꽃마리, 털꽃마리, 왕꽃마리, 참꽃말이
학 명 *Trigonotis radicans* var. *sericea* (Maxim.) H. Hara
과 명 지치과
개화기 5~7월

참꽃마리_새순

참꽃마리_잎

참꽃마리_잎(뒷면)

참꽃마리_꽃

생육특성

우리나라 각처 산과 들의 습한 곳에서 나는 다년생 초본이다. 생육 환경은 반그늘 혹은 양지에서 자란다. 키는 10~15㎝이고, 잎은 길이 1.5~4㎝이며 끝은 뾰족하고 난형으로 어긋난다. 꽃은 연한 남색으로 피고 지름 0.7~1㎝이며, 꽃이 필 때는 비스듬히 섰다가 다소 밑으로 처진다. 열매는 9월경에 달린다.

창포

이 명 장포, 향포, 왕창포
학 명 *Acorus calamus* L.
과 명 천남성과
개화기 6~7월

창포_잎

창포_무리

생육특성

우리나라 각처 호수나 연못가의 습지에서 나는 다년생 초본이나. 생육 환경은 햇볕이 잘 드는 곳의 물웅덩이나 물이 잘 빠지지 않는 습지에서 잘 자란다. 키는 70㎝ 정도이고, 잎은 뿌리 끝에서 촘촘히 나오고 길이 70㎝, 너비 1~2㎝이며 가운데 뚜렷한 선이 있다. 꽃은 원기둥 모양으로 잎 사이에서 비스듬히 옆으로 올라오며 흰색이다. 열매는 7~8월경에 달리고 긴 타원형으로 붉은색이다.

처녀치마

이 명 차맛자락풀, 치마풀
학 명 *Heloniopsis koreana* Fuse, N. S. Lee & M. N. Tamura
과 명 백합과
개화기 4~5월

처녀치마_새순

처녀치마_꽃대

처녀치마_꽃봉오리

처녀치마_꽃

처녀치마_종자 결실

생육특성

전국 산지에서 자라는 숙근성 다년생 초본이다. 생육 환경은 습지와 물기가 많은 곳에서 자란다. 키는 10~30㎝이고, 잎은 길이 6~20㎝로 둥근 방석처럼 둥글게 퍼지고 윤기가 많으며 끝이 뾰족하다. 꽃은 적자색으로 줄기 끝에서 3~10개 정도가 뭉쳐 달린다. 꽃잎 밖으로는 수술대보다 긴 암술대가 나와 있다. 꽃이 필 때 꽃대는 작지만 꽃이 질 때쯤에는 길이가 원래보다 1.5~2배 정도 자라 있다. 열매는 배 모양으로 8월경에 길이 약 0.5m로 달린다. 땅이 해동됨과 동시에 잎이 지상부로 올라오는데, 이 시기는 초식동물들에게 먹을거리가 없는 시기여서 먹이의 주 표적이 된다. 그래서 사생지에 가면 잎이 많이 훼손된 것을 자주 본다. 근래 들어 많이 보이는 품종 중 '숙은처녀치마(2006년에 등재된 품종임.)'의 경우는 바위틈에서도 자란다.

천남성

이 명 가새천남성
학 명 *Arisaema amurense* f. serratum (Nakai) Kitag
과 명 천남성과
개화기 5~7월

천남성_새순

천남성_잎

천남성_꽃

천남성_종자 결실

생육특성

우리나라 각처 숲의 나무 밑이나 습기가 많은 곳에서 자라는 다년생 초본이다. 생육 환경은 토양이 비옥하고 물 빠짐이 좋은 곳에서 자란다. 키는 20~50㎝이고, 잎은 길이 10~20㎝로 5~10 갈래로 갈라지며 긴 타원형이고, 작은 잎은 양 끝이 뾰족하고 톱니가 있다. 꽃은 녹색 바탕에 흰 선이 있고 깔때기 모양으로 가운데 꽃차례 중의 하나인 곤봉과 같은 것이 달려 있으며, 꽃잎 끝은 활처럼 말린다. 열매는 붉은색으로 10~11월에 포도송이처럼 달린다.

초종용

이 명 열당, 갯더부살이, 사철더부살이, 쑥더부살이, 사철쑥더부살이, 개더부사리
학 명 *Orobanche coerulescens* Stephan
과 명 열당과
개화기 5~6월

초종용_꽃(정면)

초종용_종자 결실

초종용_꽃(위에서 본 모습)

초종용_무리

생육특성

우리나라 각처의 해변가 모래땅에서 자라는 기생 식물로 다년생 초본이다. 생육 환경은 사철쑥이나 다른 국화과 식물이 있는 곳에서 자란다. 키는 10~30㎝이고, 잎은 흰색으로 비늘 모양이며 길이 1~1.5㎝로 긴 털이 드문드문 있고 어긋난다. 꽃은 연한 자주색이고 길이 3~10㎝이며 원줄기 끝에 빽빽하게 달린다. 열매는 7~8월경에 길이 약 1㎝의 좁은 타원형으로 달리고, 다 익으면 두 쪽으로 갈라지며 안에는 많은 검은 종자가 들어 있다.

칠보치마

학 명 *Metanarthecium luteoviride* Maxim.
과 명 백합과
개화기 5~7월

칠보치마_잎

칠보치마_꽃봉오리

칠보치마_꽃

칠보치마_종자 결실

생육특성

우리나라 경기도 칠보산과 경남 일원의 산지와 지리산 남부에서 자라는 다년생 초본이다. 생육 환경은 습기가 많은 곳의 바위나 계곡 근처의 햇볕이 잘 들고 토양의 부엽질이 풍부한 곳에서 자란다. 키는 20~40㎝이고, 잎은 길이 8~20㎝, 너비 1~4㎝로 황녹색이며 뿌리에서 10개 정도가 나와 사방으로 퍼진다. 꽃은 줄기를 중심으로 여러 개의 꽃이 아래에서 위로 올라가며 황백색으로 달린다. 열매는 8~9월경에 난형으로 달리고, 종자는 길이 약 0.1㎝이다.

확인해 본 결과, 경북의 높은 산 바위틈에서도 자라 앞으로 이 품종에 대한 생태계 연구가 더 되어야 할 것으로 보인다.

콩제비꽃

이 명 콩오랑캐, 조개나물, 조갑지나물, 좀턱제비꽃
학 명 *Viola verecunda* A.Gray
과 명 제비꽃과
개화기 4~5월

콩제비꽃_새순

콩제비꽃_잎

콩제비꽃_꽃

콩제비꽃_전초

생육특성

우리나라 전역 산과 들의 습기가 있는 곳에 자라는 다년생 초본이다. 생육 환경은 양지 혹은 반음지의 습기가 많은 곳에 자란다. 키는 5~20㎝이고, 잎은 길이 1.5~2.5㎝, 너비 2~3.5㎝로 가장자리에 둔한 톱니가 있으며, 잎자루가 잎보다 2~4배 정도 길다. 꽃은 흰색이며 원줄기 윗부분의 잎겨드랑이에서 나오는 긴 꽃줄기에 한 송이씩 달린다. 열매는 8~9월경에 긴 난형으로 달린다.

큰개불알풀

이 명 큰지금, 큰개불알꽃
학 명 *Veronica persica* Poir.
과 명 현삼과
개화기 5~6월

큰개불알풀_꽃봉오리

큰개불알풀_꽃

큰개불알풀_종자 결실

큰개불알풀_무리

생육특성

우리나라 중부 이남 산과 들에서 흔히 자라는 2년생 초본이다. 생육 환경은 양지바른 곳이면 어디서나 잘 자란다. 키는 10~20㎝가량이고, 잎은 마주나며 삼각형이고, 잎몸에는 털이 있고 가상자리에는 4~7개의 굵은 톱니가 있다. 꽃은 하늘색으로 길이 2~4㎝이고 가운데 짙은 줄이 있으며 잎겨드랑이에 한 송이씩 핀다. 열매는 8~9월에 달리는데, 이 모양이 개의 불알과 같다고 하여 이름 붙여졌고, 종자는 타원형이고 자주름이 많으며 아주 작다.

큰괭이밥

이 명 큰괭이밥풀
학 명 *Oxalis obtriangulata* Maxim
과 명 괭이밥과
개화기 4~5월

큰괭이밥_잎 펴지기 전

큰괭이밥_잎

큰괭이밥_꽃

큰괭이밥_종자 결실

생육특성

우리나라 각처의 깊은 산속에서 자라는 다년생 초본이다. 생육 환경은 반그늘 혹은 양지에서 잘 자라며, 키는 10~15㎝가량이다. 잎은 하트형으로 줄기에서 3개가 올라오는 것이 보통이다. 꽃은 흰색이며 꽃잎 가운데 붉은색 줄이 여러 개 있으며 옆에서 잎이 올라온다. 열매는 7~8월경에 길이 2㎝ 정도의 난형으로 달린다. 괭이밥류에서 찾아보기 힘든 것으로, 대부분의 괭이밥류는 잎이 먼저 올라온 다음 꽃이 피는 순서이지만, 큰괭이밥의 경우는 꽃이 먼저 피고 시들 무렵 잎이 올라온다.

큰구슬붕이

이 명 큰구실붕이, 큰구실봉이
학 명 *Gentiana zollingeri* Faw.
과 명 용담과
개화기 5~6월

큰구슬붕이_새순

큰구슬붕이_꽃

큰구슬붕이_시든 모습

큰구슬붕이_종자 결실

생육특성

우리나라 각처의 산과 들에서 나는 2년생 초본이다. 생육 환경은 물 빠짐이 좋은 양지에서 자란다. 키는 5~10㎝이고, 잎은 길이 0.5~1.2㎝, 너비 0.3~1㎝로 가장자리가 두껍고 흰색이며 잔돌기가 있고 뒷면은 적자색이 나고 난형으로 어긋난다. 꽃은 자줏빛이 돌고 길이 1.8~2.5㎝로 원줄기 또는 가지 끝에 몇 개씩 모여 달린다. 열매는 8~9월경에 달리고 안에 많은 종자가 들어 있다.

큰꽃으아리

이 명 개비머리, 어사리
학 명 *Clematis patens* C. Morren & Decne.
과 명 미나리아재비과
개화기 5~6월

큰꽃으아리_잎

큰꽃으아리_꽃봉오리

큰꽃으아리_꽃

큰꽃으아리_종자 결실

생육특성

우리나라 각처의 해발이 낮은 곳에서 자라는 낙엽성 활엽 만경목이다. 생육 환경은 반그늘과 토양이 거름지고 습기가 많지 않은 곳에서 자란다. 키는 1~3m이고, 잎은 가장자리는 밋밋하고 표면에 털이 없으며 길이 4~10㎝ 정도이다. 꽃은 흰색으로 지름 10~15㎝이고 가지 끝에 한 송이씩 달리고 꽃잎 끝은 뾰족하다. 암술과 수술은 여러 개인데, 수술대는 편평하고 암술대는 끝부분에 가는 털이 두 개 있다. 열매는 9~10월에 익고 암술대가 그대로 달려 있다.

큰두루미꽃

학 명 *Maianthemum dilatatum* (Wood) A. Nelson & J. F. Macbr.
과 명 백합과
개화기 5~6월

큰두루미꽃_잎

큰두루미꽃_꽃 피는 모습

큰두루미꽃_전초

큰두루미꽃_무리

생육특성

우리나라 북부와 울릉도의 산지에서 자라는 다년생 초본이다. 생육 환경은 주변에 습기가 많거나 안개가 많으며 토양 유기질 함량이 높은 곳에서 자란다. 키는 8~15㎝이고, 잎은 길이 3~10㎝, 너비 2.5~8㎝로 2~3장의 잎이 마주나고 끝이 뾰족하다. 꽃은 흰색으로 한 줄기에 10여 개 정도가 달린다. 열매는 8~9월경에 붉은색으로 달리고 지름 0.3㎝ 정도의 둥근 종자가 3개씩 들어 있다.

큰애기나리

이 명 중애기나리
학 명 *Disporum viridescens* (Maxim.) Nakai
과 명 백합과
개화기 5~6월

큰애기나리_꽃

큰애기나리_무리

큰애기나리_줄기와 잎

큰애기나리_전초

생육특성

우리나라 각처 산지의 숲 속에서 자라는 다년생 초본이다. 생육 환경은 간접 빛이 드는 나무 아래나 숲 속의 유기질이 많고 물 빠짐이 좋은 곳에서 자란다. 키는 약 50㎝이고, 잎은 길이 6~12㎝, 너비 2~5㎝로 긴 타원형이며 마주난다. 꽃은 줄기 끝에서 1~3개가 아래를 향해 흰색으로 달리고 꽃잎은 6장이다. 열매는 8~9월경에 둥글고 검은색으로 익는다.

큰앵초

학 명 *Primula jesoana* Miq.
과 명 앵초과
개화기 5~6월

큰앵초_잎

큰앵초_꽃봉오리

큰앵초_꽃

큰앵초_종자 결실

생육특성

우리나라 전국 깊은 산에서 자라는 다년생 초본이다. 생육환경은 반그늘지며 습기가 많은 곳에서 자란다. 키는 약 30~50㎝이고, 잎은 길이 4~18㎝, 너비 6~18㎝로 짧은 털이 있고, 잎자루는 길이 30㎝ 정도로 신장상 심장형이고 가장자리가 얕게 7~9개로 갈라지며 톱니가 있다. 꽃은 홍자색으로 지름 1.5~2.5㎝이며 각 층에 5~6개가 달린다. 작은 꽃줄기는 길이 1~2㎝이며 윗부분에 짧은 털이 있다. 열매는 8월경에 길이 0.7~1.2㎝의 긴 타원형으로 달리며, 여러 개 씨방으로 형성된 곳에 많은 종자가 들어 있다. 앵초의 잎은 잔털이 많고 원추형으로 생긴 반면, 큰앵초 잎은 단풍잎처럼 갈라지는 것이 특징이다.

큰천남성

이 명 푸른천남성, 자주큰천남성, 왕사두초
학 명 *Arisaema ringens* (Thunb.) Schott
과 명 천남성과
개화기 5월

큰천남성_새순

큰천남성_잎

큰천남성_꽃

큰천남성_종자 결실

생육특성

우리나라 남도의 계곡이나 서해안 섬에서 자생하는 다년생 초본이다. 생육 환경은 반그늘이며 토양의 비옥도가 높은 곳에서 자란다. 키는 15~20㎝이고, 잎은 15~25㎝ 정도이며 잎 진면은 광택이 많이 나는 녹색이고 뒷면은 흰 빛이 돈다. 작은 잎은 3장으로 넓은 난형이고 길이 8~30㎝, 너비 4~10㎝ 정도이다. 꽃은 녹색으로 안쪽은 흑자색이고 뒤쪽은 녹색 줄이 많이 있다. 열매는 9월에 빨갛게 달린다.

타래붓꽃

학 명 *Iris lactea* var. *chinensis* (Fisch.) Koidz.
과 명 붓꽃과
개화기 5~6월

타래붓꽃_꽃(측면)

타래붓꽃_꽃(정면)

타래붓꽃_시든 모습

타래붓꽃_종자 결실

생육특성

우리나라 전역의 습기가 많고 양지바른 곳에서 자라는 다년생 초본이다. 생육 환경은 습지와 토양의 습기가 많은 곳에서 잘 자라며, 일부 지역에서는 마른 토양에서도 잘 자란다. 키는 40~50㎝이고, 잎은 길이 약 40㎝, 너비 0.5㎝ 정도이고 가는 선이 많으며 꼬이면서 올라간다. 꽃은 자주색으로 바깥의 3꽃잎과 안쪽의 3꽃잎은 모두 다른 붓꽃류보다 너비가 작고 짧은 꽃줄기 끝에 달리고 향이 강하다. 열매는 7~8월경에 달리며 길이 약 40㎝, 너비 0.5㎝ 정도로 선형이고 끝이 날카로우며 밑부분에 자줏빛이 돈다.

태백제비꽃

이 명 태백씨름꽃, 사향씨름꽃, 태백오랑캐
학 명 *Viola albida* Palib
과 명 제비꽃과
개화기 4~5월

태백제비꽃_꽃(앞면)

태백제비꽃_꽃(뒷면)

생육특성

우리나라 중부 이남의 산지에서 자라는 다년생 초본이다. 생육 환경은 양지 혹은 반음지의 물 빠짐이 좋은 곳에 자란다. 키는 25㎝ 정도이고, 잎은 길이 4.5~12㎝, 너비 2.5~10.5㎝로 가장자리에 안쪽으로 꼬부라진 톱니가 있고 뿌리에서 나온다. 꽃은 흰색이고 향기가 있으며 잎 사이에서 긴 꽃줄기가 나와 그 끝에 1개씩 달리고, 중앙에서 포가 2개씩 마주난다. 열매는 6~7월경에 타원형으로 달린다.

패랭이꽃

이 명 패랭이, 꽃패랭이꽃, 석죽
학 명 *Dianthus chinensis* L.
과 명 석죽과
개화기 6~8월

패랭이꽃_잎

패랭이꽃_꽃

패랭이꽃_꽃(흰색)

패랭이꽃_종자 결실

생육특성

우리나라 전국 각처에 자생하는 숙근성 다년생 초본이다. 생육 환경은 반그늘이나 양지에서 많은 군락은 이루지 않고 조금씩 간격을 두고 사란다. 키는 약 30㎝이고, 잎은 길이 3~4㎝, 너비 0.7~1㎝이고 끝이 뾰족하며 마주난다. 꽃은 진분홍색으로 길이 2㎝ 정도이고 줄기 끝에 2~3송이가 달리며, 꽃잎은 5장으로 끝이 약하게 갈라지며 안쪽에는 붉은색 선이 선명하고 전체적으로 둥글게 보인다. 열매는 9월에 검게 익으며 원통형이다.

풀솜대

이 명 솜대, 솜죽대, 솜때, 지장보살, 왕솜대, 큰솜죽대, 품솜대
학 명 *Smilacina japonica* A. Gray
과 명 백합과
개화기 5~7월

풀솜대_잎

풀솜대_꽃봉오리

풀솜대_꽃

풀솜대_종자 결실

생육특성

우리나라 전국 각처 산중에 자라는 다년생 초본이다. 생육환경은 반그늘과 부엽질이 많은 토양에서 잘 자란다. 키는 20~50㎝이고, 잎은 길이 6~15㎝, 너비 2~5㎝로 줄기를 따라 두 줄로 나 있으며 긴 타원형으로 끝이 좁아진다. 꽃은 흰색으로 원줄기 끝에 작은 꽃들이 뭉쳐 하나의 꽃을 이루며 핀다. 열매는 9월경에 달리며 둥글고 붉은색이다. 잎이 지상부로 올라오면 얼핏 보기에는 둥굴레와 많이 닮은 것처럼 보이지만, 잎의 크기와 줄기를 보면 확연히 다른 것을 알 수 있다.

하늘매발톱

이 명 골매발톱꽃
학 명 *Aquilegia japonica* Nakai & H. Hara
과 명 미나리아재비과
개화기 4~6월

하늘매발톱_새순

하늘매발톱_잎

하늘매발톱_꽃봉오리

하늘매발톱_꽃

생육특성

우리나라 각처의 산에서 자라는 다년생 초본이다. 생육 환경은 양지나 반그늘의 토양이 비옥한 곳에 자란다. 키는 1m 정도이고, 잎은 길이 5~7㎝, 너비 6~8㎝이고 2~3갈래로 깊게 갈라지며 뒷면은 분백색이다. 꽃은 흰색, 연분홍색으로 가지 끝에서 아래를 향해 달리고, 꽃잎 끝부분은 5갈래로 매의 발톱처럼 꼬부라져 있는데, 꽃봉오리 때는 아래를 향하지만 꽃이 피면서 점점 하늘을 보며 씨가 맺히면 하늘을 향한다. 열매는 7~8월경에 달리고, 종자는 검은색으로 광택이 많이 나고 씨방에 많이 들어 있다.

한계령풀

이 명 메감자
학 명 *Leontice microrhyncha* S. Moore
과 명 매자나무과
개화기 5월

한계령풀_새순

한계령풀_꽃봉오리

한계령풀_꽃

한계령풀_종자 결실

생육특성

우리나라 중부 이북의 고산에서 자라는 다년생 초본이다. 생육 환경은 반그늘 혹은 양지의 토양이 비옥하고 물 빠짐이 좋은 곳에서 자란다. 키는 30~40㎝이고, 잎은 1개가 달리고 길이 1㎝ 정도 자란 후 3갈래로 갈라진 다음 다시 3갈래로 갈라지며, 반원형 또는 원형으로 원줄기를 완전히 둘러싼다. 꽃은 황색으로 길이와 너비가 각각 1㎝ 정도이며 많은 꽃이 원줄기 끝에 달린다. 열매는 7~8월경에 둥글게 달린다.

할미꽃

이 명 노고초, 가는할미꽃(중국)
학 명 *Pulsatilla koreana* (Yabe ex Nakai) Nakai ex Mori
과 명 미나리아재비과
개화기 4~5월

할미꽃_새순

할미꽃_꽃봉오리

할미꽃_꽃

할미꽃_씨앗

생육특성

우리나라 제주도를 제외한 전국의 각처에서 자라는 다년생 초본이다. 생육 환경은 양지바른 곳의 토양이 중성화 된 곳에서 자란다. 키는 30~40㎝이고, 잎은 길이 30~40㎝로 새의 깃 모양으로 깊게 2~5 갈래로 갈라지며 전체에 긴 흰 털이 빽빽하여 흰빛이 돌지만 표면은 짙은 녹색이고 털이 없다. 꽃은 붉은색으로 길이 3㎝ 정도이며 잎 끝에서 올라온 줄기 끝에 한 송이가 긴 종 모양으로 달린다. 꽃잎 겉 표면은 잔털이 많이 나 있고 안쪽은 검붉은 자주색이다. 열매는 5~6월경에 익으며 긴 난형이고 겉에는 가는 흰색 털이 있으며 아래쪽에 검은색의 종자가 붙어 있다.

현호색

이 명 애기현호색, 댓잎현호색, 가는잎현호색, 빗살현호색, 둥근잎현호색
학 명 *Corydalis remota* Fisch. ex Maxim
과 명 현호색과
개화기 4~5월

현호색_새순

현호색_잎 전개되는 모습

현호색_꽃

현호색_종자 결실

생육특성

우리나라 각처의 산과 들에 나는 다년생 초본이다. 생육 환경은 양지 혹은 반그늘의 물 빠짐이 좋고 토양이 비옥한 곳에서 자란다. 키는 20㎝ 정도이고, 잎은 표면은 녹색이고 뒷면은 회백색이며 어긋난다. 꽃은 연한 홍자색이며 길이 2.5㎝ 정도로 5~10개가 원줄기 끝에 뭉쳐서 달린다. 열매는 6~7월경에 길이 2㎝, 너비 0.3㎝ 정도로 달리고, 종자는 광택이 나고 검은색이다.

홀아비꽃대

이 명 홀애비꽃대, 호래비꽃대
학 명 *Chloranthus japonicus* Siebold
과 명 홀아비꽃대과
개화기 4~5월

홀아비꽃대_새순

홀아비꽃대_꽃봉오리

홀아비꽃대_꽃

홀아비꽃대_종자 결실

생육특성

우리나라 전국의 산지에서 자라는 다년생 초본이다. 생육 환경은 양지와 반그늘이고 토양이 푹신할 정도로 낙엽이 많고 부엽질이 풍부한 곳에 자란다. 키는 20~30㎝ 정도이고, 잎은 길이 4~12㎝, 너비 2~6㎝로 끝이 뾰족하고 가장자리에 자줏빛 톱니가 있으며 광택이 나는 난형 또는 타원형이다. 꽃은 흰색이고 길이 2~3㎝이며 1개의 꽃줄기에 길고 많은 꽃이 원을 그리며 뭉쳐 달린다. 꽃줄기 안쪽에는 노란색이 있고, 줄기 끝에는 왕관 모양으로 된 것이 붙어 있다. 열매는 8~9월경에 익으며 길이 2~3㎜ 정도이다.

홀아비바람꽃

이 명 홀애비바람꽃, 호래비바람꽃, 좀바람꽃, 홀바람꽃
학 명 *Anemone koraiensis* Nakai
과 명 미나리아재비과
개화기 4~5월

홀아비바람꽃_잎

홀아비바람꽃_꽃봉오리

홀아비바람꽃_꽃

홀아비바람꽃_종자 결실

생육특성

우리나라 전국 높은 산 숲 속 깊은 곳에서 자라는 다년생 초본이다. 생육 환경은 부엽질이 풍부하며 습기가 충분한 곳에서 자란다. 키는 20~50㎝이고, 잎은 길이 2㎝, 너비 4㎝로 1~2개가 나고 표면과 가장자리에 털이 있고 뒷면에는 털이 없다. 꽃은 흰색이며 지름 1.2㎝ 정도로 원줄기에서 나온 1개의 꽃줄기 끝에 한 송이가 달리고, 꽃줄기에는 긴 털이 있다. 열매는 7~8월경에 납작한 타원형으로 달린다.

회리바람꽃

학 명 *Anemone reflexa* Steph. & Willd.
과 명 미나리아재비과
개화기 5~6월

회리바람꽃_꽃봉오리

회리바람꽃_꽃 피기 전

회리바람꽃_꽃

회리바람꽃_종자 결실

생육특성

우리나라 강원도 이북 지방에 자생하는 다년생 초본이다. 생육 환경은 반그늘의 부엽질이 풍부한 곳에서 자란다. 키는 20~30㎝이고, 잎은 길이 3~7㎝, 너비 0.9~2.5㎝로 뾰족하고 3개가 돌려나고 가장자리에 톱니가 있다. 꽃은 연노란색이며 길이 2~3㎝의 꽃줄기 끝에 한 송이가 달리고 털이 있다. 열매는 6~7월경에 달리고 작고 많은 씨가 들어 있다. 꽃 모양이 노란 방울이 모여 꽃을 형성한 것처럼 보여 다른 바람꽃들과는 다른 모양인 것이 특징이다.

흰괭이눈

이 명 큰괭이눈, 힌괭이눈, 흰털괭이눈
학 명 *Chrysosplenium pilosum var. fulvum* (N.Terracc.) H. Hara
과 명 범의귀과
개화기 4~6월

흰괭이눈_새순

흰괭이눈_꽃봉오리

흰괭이눈_꽃

흰괭이눈_무리

생육특성

우리나라 중부 이남 산의 습기가 많은 곳에서 자라는 다년생 초본이다. 생육 환경은 반그늘이고 주변 습도가 높은 곳에서 자란다. 키는 15㎝ 정도이고, 잎은 길이 1~2.3㎝, 너비 0.8~2㎝로 표면은 털이 있으며 뒷면은 털이 없고 마주난다. 뿌리에서 옆으로 뻗는 줄기가 없고, 원줄기는 밑에서부터 갈라지며 밑부분에는 갈색 털, 윗부분에는 흰색의 퍼진 털이 빽빽하다. 꽃은 황녹색이고 길이 약 0.3㎝, 너비 약 0.2㎝이며 줄기 끝에 달린다. 열매는 7~8월경에 달리고, 종자는 검은색이다.

흰민들레

학 명 *Taraxacum coreanum* Nakai
과 명 국화과
개화기 4~6월

흰민들레_잎

흰민들레_꽃

흰민들레_전초

생육특성

우리나라 각처의 낮은 지대에서 나는 다년생 초본이다. 생육 환경은 양지에서 자란다. 키는 10~15㎝이고, 잎은 길이 7~25㎝, 너비 1.4~6㎝로 양면에 털이 약간 있고 가장자리가 갈라지며 톱니가 있고 뿌리에서 나와 비스듬히 자란다. 꽃은 흰색이고 잎보다 짧은 꽃줄기가 1개 또는 여러 개 자라며 그 끝에 한 송이씩 달리고, 꽃이 핀 다음 꽃줄기는 잎보다 훨씬 길이진다. 열매는 7~8월경에 달리며 길이 0.7~0.8㎝의 갈색이 도는 흰색 갓털이 달린다.

야생화 이름의 유래

야생화 이름은 각기 의미를 가지고 있어, 그 유래를 아는 것은 흥미로울 뿐만 아니라 야생화에 가까이 가는 지름길이다. 야생화 이름의 유래는 토박이 사투리와 외래어에서 유래된 것이 있으며, 식물 전체의 느낌, 생태적인 습성, 사람과의 관계, 동물이나 사물에 비유한 것, 자라는 곳, 신화나 전설, 설화 등에서 유래된 것이 있다.

1. 자생지를 나타내는 말

1) 갯 : 해안이나 갯벌, 계곡, 냇가 등지에서 자란다.

예 갯개미취, 갯메꽃, 갯방풍, 갯질경이

2) 골 : 습한 골짜기에서 자란다.

예 골등골나물, 골사초

3) 구름 : 구름이 있는 높은 산지인, 주로 백두산이나 북부 고원지대에서 자라거나 꽃이나 잎들이 구름처럼 뭉쳐 피며 자란다.

예 구름국화, 구름떡쑥, 구름송이풀, 구름체꽃, 구름패랭이, 구름사초

4) 두메 : 구름과 마찬가지로 역시 고산지역에서 자라며, 백두산 같은 북부 고산지대에 자란다.

예 두메양귀비, 두메분취, 두메투구꽃, 두메고들빼기, 두메부추, 두메잔대

5) 벌 : 확 트인 벌판에서 자란다.

예 벌개미취, 벌노랑이, 벌등골나무, 벌깨풀

6) 물 : 습기가 많은 곳이나 물가에서 자란다.

예 물봉선, 물머위, 물미나리아재비

7) 돌 : 야생 혹은 돌이 많은 곳에서 자란다.

예 돌단풍, 돌마타리, 돌바늘꽃, 돌양지꽃, 돌나물

8) 바위 : 바위에서 자란다.

예 바위솔, 바위떡풀, 바위구절초, 바위채송화

9) 산 : 높은 산에서 자란다.

예 산구절초, 산부추, 산수국, 산솜방망이, 산오이풀, 산괭이눈, 산골무꽃

10) 섬 : 육지와 단절된 섬에서만 자라며, 대부분 울릉도 특산 식물을 말하는 경우가 많다.

예 섬초롱꽃, 섬백리향, 섬쑥부장이, 섬천남성, 섬기린초, 섬말나리, 섬쥐손이

2. 진위를 나타내는 말

1) 참 : 진짜라는 의미에서 유래한다.

예 참나리, 참바위취, 참좁쌀풀, 참개별꽃

2) 나도 : 원래는 완전히 다른 분류군이지만 비슷하게 생긴 데서 유래한다.

예 나도바람꽃, 나도송이풀, 나도양지꽃, 나도옥잠화

3) 너도 : '나도'와 같은 의미로 완전히 다른 분류군이지만 비슷하게 생긴 데서 유래한다.

예 너도바람꽃, 너도골무꽃

4) 개 : 기준으로 삼는 식물에 비해 품질이 낮거나 모양이 다른 것에서 유래한다.

예 개구릿대, 개쑥부장이, 개망초, 개여뀌, 개연꽃

5) 뱀 : 뱀과 관련이 있거나, 기준을 삼는 식물에 비해 품질이 낮거나 모양이 다른 데서 유래한다.

예 뱀무, 뱀딸기

6) 새 : 기준으로 삼는 식물에 비해 품질이 낮거나 모양이 다른 데서 유래한다.

예 새콩, 새삼, 새머루

3. 식물 기관의 모양이나 특성을 나타내는 말

1) 가는 : 잎이 가는 데서 유래한다.

예 가는잎구절초, 가는잎돌쩌귀, 가는장구채, 가는층층잔대

2) 가시 : 가시가 있는 데서 유래한다.

예 가시여뀌, 가시연꽃, 가시엉겅퀴, 가시오갈피

3) 갈퀴 : 갈퀴가 있는 데서 유래한다.

예 갈퀴나물, 갈퀴덩굴

4) 긴 : 꽃 또는 식물체의 일부분이 긴 데서 유래한다.

예 긴담배풀, 긴병꽃풀, 긴산꼬리풀, 긴잎쓴풀, 긴오이풀

5) 끈끈이 : 끈끈한 즙액이 있는 데서 유래한다.

예 끈끈이대나물, 끈끈이주걱, 끈끈이장구채

6) 선 : 줄기가 곧게 선 데서 유래한다.

예 선괭이밥, 선이질풀, 선씀바귀, 선괭이눈

7) 우산 : 잎이 우산같이 생긴 데서 유래한다.

예 우산나물, 우산잔대, 우산방동사니

8) 털 : 털이 있는 데서 유래한다.

예 털동자꽃, 털머위, 털여뀌, 털중나리

9) 톱 : 톱 모양으로 거치가 있는 데서 유래한다.

예 톱잔대, 톱풀, 톱분취, 톱바위취

4. 색을 나타내는 말

1) 금, 은 : 식물의 색이 금이나 은색인 데서 유래한다.

예 금마타리, 금붓꽃, 금새우난초, 은난초, 은대난초

2) 광대 : 광대의 복장과 같이 울긋불긋한 데서 유래한다.

예 광대수염, 광대나물, 광대버섯, 광대싸리

5. 식물의 크기를 나타내는 말

1) 각시 : 식물의 크기가 작은 데서 유래한다.

예 각시붓꽃, 각시원추리, 각시취, 각시둥글레, 각시투구꽃

2) 땅 : 초형이나 키가 작은 데서 유래하거나 혹은 꽃의 방향에서 유래한다.

예 땅나리, 땅비싸리, 땅채송화, 땅빈대

3) 애기 : 초형이나 키가 작은 데서 유래한다.

예 애기나리, 애기현호색, 애기괭이눈, 애기원추리

4) 왜 : 키가 작거나 일본이 원산지인 데서 유래한다.

예 왜개연꽃, 왜솜다리, 왜현호색, 왜제비꽃, 왜당귀

5) 좀 : 키가 작은 데서 유래한다.

예 좀고추나물, 좀꿩의다리, 좀붓꽃, 좀가지풀

6) 병아리 : 초형이나 키가 작은 데서 유래한다.

예 병아리풀, 병아리난초, 병아리다리

7) 큰 : 같은 이름을 가진 식물에 비해 초형이나 키가 큰 데서 유래한다.

예 큰구슬붕이, 큰까치수염, 큰꽃으아리, 큰복주머니란(광릉요강꽃), 큰앵초

8) 왕 : 키가 큰 데서 유래한다.

예 왕고들빼기, 왕세비꽃, 왕원추리, 왕별꽃, 왕갈대

9) 참 : 초형이나 키가 큰 데서 유래한다.

예 참꿩의다리, 참좁쌀풀, 참나리, 참당귀

10) 말 : 초형이나 키가 큰 데서 유래한다.

예 말나리, 말냉이, 말냉이장구채

11) 수리 : 초형이나 키가 큰 데서 유래한다.

예 수리취

12) 선 : 식물이 직립하는 데서 유래한다.

예 선가래, 선괭이눈, 선갈퀴, 선괭이밥

13) 눈 : 식물이 누워 있는 데서 유래한다.

예 눈개승마, 눈개쑥부장이, 눈양지꽃, 눈범꼬리

| 참고문헌 |

고경식 · 전의식, 한국의 야생식물, 일진사

김태정, 한국의 야생화, 서울 : 교학사, 1993

김태정, 우리가 정말 알아야 할 우리 꽃 백가지 2, 서울 : 현암사, 1993

문순열, 청솔식물도감, 서울 : 청솔, 2001.

한국자연보전협회, 멸종위기 야생 동식물 및 보호 야생 동식물의 지정현황 분석 및 개선방안에 관한 연구, 2001

환경처, 특정야생동식물화보집, 1994

● 그림으로 보는 꽃

[꽃의 구조]

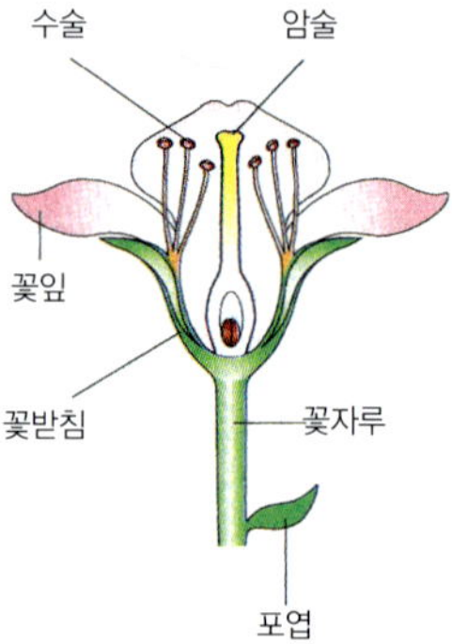

[꽃의 모양]

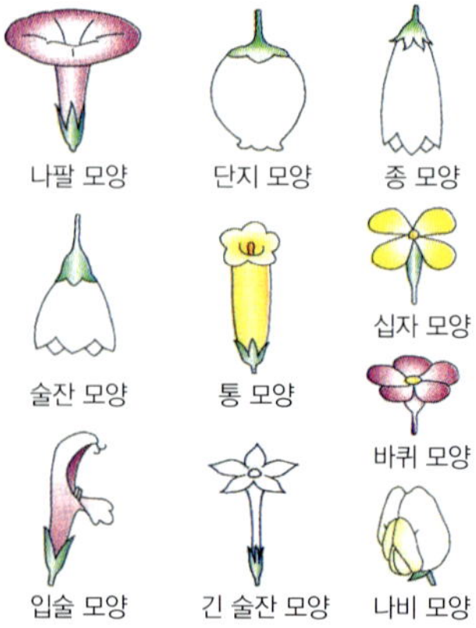

[꽃차례]

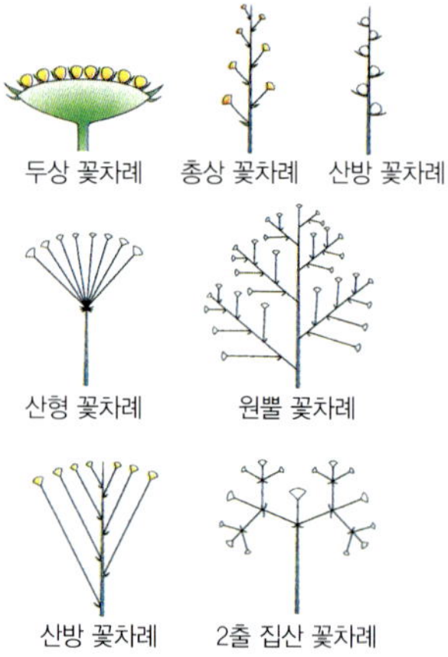